生命学概论

主　编　柏定国

同济大学出版社·上海
TONGJI UNIVERSITY PRESS · SHANGHAI

内 容 简 介

本书探讨了生命的本质、价值及其与现代教育的紧密关联，从自然生命的奇迹到社会生命的网络，再到人工智能时代对生命概念的挑战，详细阐述了生命的多重意义和价值。通过对生命现象的综合分析和对生命意义的深刻反思，培养学生尊重生命的态度，提高学生的生命意识。

图书在版编目（CIP）数据

生命学概论 / 柏定国主编 . -- 上海：同济大学出
版社 , 2024. 8. -- ISBN 978-7-5765-1195-6

Ⅰ . Q1-0

中国国家版本馆 CIP 数据核字第 20246QR707 号

生命学概论

主　编　柏定国

责任编辑　戴如月　　　**助理编辑**　刘　慧　　　**责任校对**　徐逢乔　　　**封面设计**　潘向蓁

出版发行　同济大学出版社 www.tongjipress.com.cn
　　　　　　（地址：上海市四平路 1239 号　邮编：200092　电话：021-65985622）

经　　销　全国各地新华书店

排　　版　南京文脉图文设计制作有限公司

印　　刷　常熟市华顺印刷有限公司

开　　本　787 mm × 1092 mm　1/16

印　　张　11.5

字　　数　308 000

版　　次　2024 年 8 月第 1 版

印　　次　2024 年 8 月第 1 次印刷

书　　号　ISBN 978-7-5765-1195-6

定　　价　56.00 元

本书若有印装质量问题，请向本社发行部调换　　　　　　　　　　版权所有　侵权必究

编　委　会

主　编　柏定国

副主编　聂　苓　周　琴

编　委　张　艺　黄　瑶　杜　宁　周诗妍

　　　　张拓新　王细丽　翁　虹　慕静宇

　　　　郑希锐

编写一本以生命学为主题、聚焦修习人的生命学分的教学用书，不仅出于对生命教育课程建设层面的思量，也出于想要对各级各类教育教学目标和人的全面发展等方面进行探讨。人应该怎样活着以及怎样对待死亡，这是人生的重大课题，也是当代人需要深入思考的问题。我们坚信，唯有积极地直面生与死的真实问题，尊重并追求真理，方能更好地解决问题。

1968 年，美国学者杰·唐纳·华特士（J. Donald Walters）最早提出了生命教育说，"引导人们去充分体悟人生的意义；让身、心、灵兼备的生命态度，成为未来教育的新元素"。我国生命教育总体上还处于起步阶段，对生命教育的理论认识有多种不同的观点。

一是认为"生命"属于教育的"内容"，生命教育，顾名思义就是有关生命的教育。中小学生命教育是指通过对中小学生进行生命孕育、发展知识的教授，让他们对自己有一定的认识，对他人的生命报以珍惜和尊重的态度，并让学生在受教育的过程中，养成对社会及他人，尤其是残疾人的爱心，使中小学生在人格上获得全面发展[1]。人力资源和社会保障部中国就业培训技术指导中心于 2012 年 5 月推出的职业培训课程"生命教育导师"也指出："生命教育，即直面生命和人的生死问题的教育。"

二是认为生命教育有广义与狭义之分，"广义的生命教育是一种全人培养的教育，从肯定、珍惜个人自我生命价值，到他人、社会乃至自然、宇宙的价值，并涉及生死尊严、信仰问题的探讨，包括生死观教育、认识哲学教育、情绪辅导教育、创造思考教育、多元智慧教育、终身学习教育、生活伦理教育、两性教育、公民道德教育、社会公益教育及环境教育等多个方面。狭义的生命教育是一种人生观教育，教育学生认识生命、尊重生命、热爱生命，进而珍惜生命"[2]。

三是将生命定位为教育的"目的"，认为"生命教育不是通常理解的珍惜生命的教育，不是只对生死存亡的极端事例有意义，而是要服务于生命个体的成长、融会于学校教育的全过程"[3]。或认为生命教育就是指在个体从出生到死亡的整个过程

[1] 王学风：《台湾中小学生命教育的内容及实施途径》，《教育评论》2001 年第 6 期。
[2] 张美云：《近年来我国大陆关于生命教育的研究综述》，《上海教育科研》2006 年第 4 期。
[3] 潘凤亮：《"生命教育"先要"关怀"权利》，《人民教育》2004 年第 21 期。

中，通过有目的、有计划、有组织地对其进行生命意识熏陶、生存能力培养和生命价值升华，最终使其生命价值充分展现的活动过程，其核心是珍惜生命，注重生命质量，凸显生命价值[1]。

四是将生命定位为"教育的主体或对象"，"生命教育的内涵有二：一是教育'生命'——教育青少年尊重生命，既能善待自己的生命、珍爱自己，又能关爱他人生命、尊重他人；二是'生命'教育——具有生命意识的教育，我们的教育既能尊重学生的情感、心灵及个性，又能热爱学生、关爱学生"[2]。

五是从教育视角探寻与解读生命教育，将"生命"定位为"教育的基础"[3]。或认为生命教育就是要依据生命的特征，遵循生命发展的规律，以学生自身潜在的生命特质为基础，通过选择优良的教育方式，唤醒生命意识，启迪精神世界，开发生命潜能，提升生命质量，关注生命的整体发展，使学生成为充满生命活力、具有健全人格和鲜明个性、创造智慧的人[4]。

六是认识到生命与教育并非单一关系，而是多重关系。生命可以同时是"教育的内容、目的、主体（对象）以及基础"，因而认为生命是教育的重心，整个教育活动都要围绕生命开展。生命教育就是要尊重生命主体，为其创设生动活泼、充实丰富的环境和条件，以促进生命主体全面、和谐、主动、健康发展的教育；在价值取向上，它强调人的精神生命的主动发展；在教育过程中，它关注人际交往中精神能量的转换；在保障机制上，它注重生命主体自主能动地投入和合作。[5]

综合来看，生命教育有3层含义：一是为了生命的教育，生命教育是为了生命更加美好、更加幸福和更加久远；二是关于生命的教育，是引导人们关注生命、了解生命、认识生命的教育，是阐释生命现象、生命过程和生命本质的教育，是探索生命与自我、生命与他人、生命与社会、生命与世界关系的教育；三是充满生命气息的教育，让教育的过程和方法充满生命的气息，涌动着生命的活力。

教育部为推进生命教育做了许多工作。一是加强政策引领。印发《中小学健康教育指导纲要》《普通高等学校健康教育指导纲要》《中小学公共安全教育指导纲要》《中小学心理健康教育指导纲要（2012年修订）》《义务教育学校管理标准（试行）》《中小学生守则（2015年修订）》《中小学德育工作指南》等一系列文件，明确要求各地各校开展认识自我、尊重生命、学会学习、人际交往、情绪调适、升学择业、人生规划以及适应社会生活等方面的教育，引导学生增强调控心理、应对挫折、适应环境的能力，培养学生健全的人格、积极的心态和良好的个性心理品质。二是推进生命教育融入课程体系。印发《基础教育课程改革纲要（试行）》，结合学生的年龄特点，对课程中的生命教育提出循序渐进的要求。很多地方和学校结合自身优势，开发特色鲜明的生命教育课程。三是构建三位一体的生命教育模式，印发《全国家庭教育指导大纲（修订）》《教育部关于加强家

[1] 任丽平：《论大学生生命教育》，《绵阳师范学院学报》2004年第4期。
[2] 谌红桃：《生命教育任重而道远》，《宁夏教育》2004年第Z1期。
[3] 王北生，赵云红：《从焦虑视角探寻与解读生命教育》，《中国教育学刊》2004年第2期。
[4] 罗楚春：《生命教育的研究与探索》，《中国教育学刊》2004年第10期。
[5] 刘济良：《生命教育论》，中国社会科学出版社，2004。

庭教育工作的指导意见》，要求学校普遍建立家长委员会，密切家校沟通配合，设立家庭教育实验区，加强家庭中的生命教育。

生命学包含但不限于生命生物学、生命社会学、生命行为（伦理）学、生命健康学、生命价值学、生命过程学、生命精神学、生命文化（民俗）学、生命美学、生命哲学等知识领域和学理思想。生命教育是生命学的通俗指称，是对生命学知识体系、学理思想、学术目标的简要介绍和普及。作为一门课程，生命教育可以根据受教育者的年龄、成长需求等特点建构课程、课堂和课业。《生命学概论》可以用作高校生命教育课程教材，着重探索生命知识、生命关系和生命价值三大领域，总共设置12单元。

本书编写的具体分工如下：黄瑶负责第1单元、第2单元，张艺负责第3单元，杜宁负责第4单元，周诗妍负责第5单元、第6单元，张拓新负责第7单元、第8单元，王细丽负责第9单元、第10单元，翁虹负责第11单元、第12单元。聂苓负责编委会日常工作。周琴参与审稿，并负责全书润色。柏定国统筹全书的编写，主持编委会的组建和分工，起草全书知识体系架构，撰写前言、各单元前置内容，并对全文结构进行调整和润色。同济大学出版社金英伟社长多次参加编写会议，全程指导和支持本书的编写出版工作。

教材在编写过程中参考了许多专家学者的研究成果和资料，在此深表感谢。若有不当和疏漏之处，恳请广大读者不吝批评指正。

柏定国　谨识
于福州三四书房
2024年5月20日

前言

3

目 录
CONTENTS

前言

第一单元
珍惜自然生命 1

模块一　自然生命的起源与演化 ················· 2
模块二　人类生命的诞生与发展 ················· 9
模块三　自然生命的敬畏与保护 ················· 15

第二单元
学会保护生命 19

模块一　生命保护的意义与原则 ················· 20
模块二　不同情境下的生命保护方法 ·············· 22
模块三　心理健康保护与挫折应对 ················ 27

第三单元
追求健康长寿的生命 31

模块一　健康长寿的探寻与追求 ················· 32
模块二　有限生命与无限可能 ·················· 38
模块三　对病痛与死亡的思考 ·················· 44

第四单元
性与生命的延续 / 50

    模块一　性的基础 ·· 51
    模块二　性别平等 ·· 54
    模块三　性与健康 ·· 57

第五单元
构建社会生命关系 / 63

    模块一　社会生命的基本概念 ································ 64
    模块二　社会生命教育的主要内容 ···················· 67
    模块三　社会生命教育的实践方法与提升 ·········· 68

第六单元
关爱和维护生命情感 / 74

    模块一　生命情感的内涵 ···································· 75
    模块二　关爱生命教育的理念与实践 ················ 78
    模块三　危机预防与应急处理 ·························· 82

第七单元
人工智能与生命 / 88

    模块一　人工智能的演进与生命科学的交汇 ······ 89
    模块二　人工智能对生命观念的冲击与重塑 ······ 94
    模块三　人工智能时代生命的思考 ···················· 96

第八单元
生命的本质是成就生命 / 101

    模块一　生命本质的多维解读 ·························· 102
    模块二　成就生命的要素分析 ·························· 105
    模块三　成就生命的实践与策略 ······················ 109

第九单元
尊重生命的权利 / 114

　　模块一　生命权利的基本概念 ……………………………… 115
　　模块二　尊重生命的实践要求 ……………………………… 120
　　模块三　生命权利观念的培育与提升 ……………………… 124

第十单元
敬畏生命的尊严 / 128

　　模块一　生命尊严的内涵与意义 …………………………… 129
　　模块二　敬畏生命的理念与实践 …………………………… 134
　　模块三　生命尊严观的教育与传承 ………………………… 140

第十一单元
升华生命道德 / 145

　　模块一　生命与道德的内在联系 …………………………… 146
　　模块二　生命的道德取向 …………………………………… 151
　　模块三　道德对生命的超越与提升 ………………………… 154

第十二单元
追求生命价值的超越 / 160

　　模块一　生命价值的探索与展现 …………………………… 161
　　模块二　生命价值的超越性导向与实践 …………………… 163
　　模块三　生命价值的超越性体现与人生追求 ……………… 166

参考文献 ………………………………………………………… 171

第一单元

珍惜自然生命

单元目标 ﹀

◇ 了解自然生命的起源及演化，认识自然生命的多样性与复杂性，培养尊重自然、和谐共生的生态观。

◇ 了解人类生命的诞生与发展，认识人类生理和心理发展的过程，培养珍惜生命、感恩父母的生命观。

◇ 激发对自然生命的敬畏与热爱之情，提升保护自然环境的责任感与使命感。

认知提示 ﹀

◇ 生命的诞生是大自然的一个奇迹，生命拥有着无法穷尽的神奇性和神秘性。人们要从生命科学、生理学、社会学、心理学的角度认识生命的自然特性，进而认识生命之宝贵，学会珍惜生命。珍惜生命的原则并不仅仅适用于人类，而适用于一切生命，人类应当像爱惜自己的生命一样去敬畏和爱惜所有的生命。

思考与实践 ﹀

◇ 观看央视纪录片《万物滋养》第一季第一集《森林间的心机》片段（00:01—09:15），感受和思考森林、椴树、蜜蜂与人类之间的关系。

◇ 地球可以没有人类，但人类今天肯定还不能没有地球。我们必须认识到这些真相，并且更加谦卑地对待自然。

◇ 人类哪些独有的特点使得我们能够适应各种生存环境？如何减少人类活动对自然环境的影响？

◇ 为什么说人的生命是最宝贵的？

活动设计 ﹀

◇ 关心自己和亲人朋友的生命健康状态，记录一段时间内以下 10 个方面的表现数据，讨论形成健康优化方案：①有足够充沛的精力，能从容不迫地应对日常生活和工作的压力。②处事乐观，态度积极，乐于承担责任，不轻易被事情的琐碎细节所困扰。③善于休息，睡眠良好，半小时内能自然入睡，睡眠能持续7~8小时。④应变能力强，能适应环境的各种变化。⑤能抵抗一般性感冒和传染病，一年有几次感冒是正常的，一般能不药自愈。⑥体重得当，身材匀称，站立时头、肩位置协调。计算方法是：BMI= 体重（公斤）/ 身高（米）的平方，BMI 数值在 18.5~24.9 属于正常范围，超过 25 应注意体重。⑦眼睛明亮，反应敏锐，眼睑不发炎。⑧牙齿清洁，无龋洞，无痛感，牙龈颜色正常，无出血现象。⑨头发有光泽，无头皮屑。⑩肌肉、皮肤有弹性，走路轻松。

生命知识的教育是任何生命教育研究者和实践者不可绕过的问题，因为它是生命教育最基础的内容。人的生命是自然生命和精神生命的有机统一。人的生命活动清楚地显示了人发展的动力正是来自生命的活力。

模块一　自然生命的起源与演化

早期的地球受到来自宇宙的各种影响，包括陨石撞击、宇宙射线等，地球自身频繁的火山活动和强烈的温室效应，都在地球早期的环境中留下了深刻的印记。

一、生命的起源

在地球形成的过程中，水的出现至关重要。原始地球表面温度极高，水分子以气态形式存在。但随着地球温度的逐渐降低，水蒸气凝结成水滴，形成了海洋和湖泊。这些水域不仅为生命的诞生提供了必要的环境条件，还成为生命演化的摇篮。

（一）地球的形成及早期环境

1. 地球的形成

在宇宙的广袤空间中，地球最初只是一粒尘埃，通过无数次的碰撞与融合，这些尘埃逐渐凝聚成了行星的雏形。随着时间的推移，地球的内部开始分化，形成了地核、地幔、地壳等结构。地核的高温使得地球内部充满了活跃的岩浆活动，这些岩浆在地壳上喷涌而出，形成了巍峨的山脉和广袤的平原。

与此同时，地球的大气层也在逐渐形成。原始的大气主要由氢气、氦气等气体组成，但随着地球内部岩浆活动的进行，大量的水蒸气、二氧化碳等气体被释放到大气中。这些气体与宇宙射线相互作用，逐渐形成了我们所熟悉的氮气、氧气等气体。

2.早期地球环境及演变

随着时间的推移，地球的环境逐渐稳定下来。大气中的温室气体逐渐被岩石吸收和固定，地球表面的温度逐渐降低，地表的水蒸气开始凝结成水滴，形成了早期的降雨。持续不断的降雨逐渐在地表形成了原始的海洋。海洋中的生命也在不断地适应和演化。

在这一过程中，宇宙对地球的影响并未停止。太阳光为生命提供了必要的能量来源。同时，宇宙中的其他因素也在不断地影响着地球的环境和生命演化。例如，宇宙射线可能促进了地球上生命的基因突变。

3.生命诞生的基础

在地球形成的初期，地球表面经历了剧烈的火山喷发和陨石撞击，从而形成了原始的岩石圈、水圈和大气圈。早期的地球环境极其恶劣，火山喷发、地震频繁，地表温度极高。大气中充满了二氧化碳、甲烷等温室气体，使得地球长期处于温室效应之中。然而，正是这样的环境为生命的诞生提供了可能。

在高温高压的条件下，一些简单的无机分子开始发生化学反应，逐渐形成了复杂的有机分子。这些有机分子在海洋中聚集、碰撞、融合，最终演化出了生命的种子。

水是生命的重要组成成分，不仅为生命提供了必要的溶剂和介质，还参与了生命体内许多重要的化学反应。海洋的广阔空间为生命的诞生提供了适宜的场所，使得生命能够在其中孕育和演化。

碳、氢、氧、氮等元素是构成生命体的基本元素。这些元素在地球早期的大气和水中广泛存在，通过复杂的化学反应逐渐形成了氨基酸、核苷酸等生命的基本组成成分，再进一步组合成蛋白质、核酸等复杂的有机物质，为生命的诞生提供了物质基础。

能量来源是生命活动的关键。太阳辐射、地球内部的热能以及化学反应释放的能量都为生命的诞生提供了必要的动力。这些能量驱动了生命体内的新陈代谢过程，使得生命能够不断地从环境中获取能量并维持自身的生命活动。

综上所述，地球早期的海洋、基本元素以及能量来源共同构成了生命诞生的基础。在这些条件的共同作用下，生命得以在地球上诞生并逐渐演化。

（二）生命起源的假说

1.神创论

神创论是一种古老而影响深远的观点，它认为宇宙万物都是神所创造的。这一理论是古代劳动人民用以解释宇宙存在原因和意义的尝试。

神创论认为，宇宙并不是偶然产生的，而是由某种超自然力量或实体精心创造的。这个创造者被描绘为超越了时间和空间的存在，拥有无限的智慧和力量。在神创论的框架下，宇宙的结构、规律和生命的存在，都是神设计安排的。这种观点强调了宇宙的有序性和目的性，使得人们在面对自然世界的复杂和奇妙时，能够找到一种超越自然解释的信仰和依托。

神创论在多个文化和宗教传统中都有所体现。在西方文化中，上帝被视为创造宇宙和万物的神，他按照自己的形象和样式创造了人类，赋予人类独特的智慧和地位。这一观念对西方社会的文化、艺术和哲学产生了深远的影响。在东方宗教和哲学体系中也有类似的创世观念。在中国神话中，盘古开天辟地、女娲造人的故事就描述了宇宙的起源和人类的起源。这些创世神话体现了神创论的思想，即宇宙和生命是由一位至高无上的神所创造的。现在在生物学、地质学和天文学等领域已有诸多证据显示，这并不是一种科学的假说。神创论是基于个人或文化的一种信仰，是一种精神寄托和文化传统，而不是科学事实。

2. 胚种说

胚种说，也可以被看作是一种生命的粒子学说。该学说的核心观点是，每种微生物都携带着一种或多种胚种，这些胚种具有生物基因的所有特征，并能在适宜条件下发育成完全的生物体。

关于胚种的来源，有两种观点。一是胚种来自地球进化，它们潜藏在地球上的某些地方，如土壤、水体等环境中。当条件适宜时，胚种会发展成生命体。二是胚种来自宇宙。1903 年诺贝尔化学奖获得者、瑞典化学家斯万特·奥古斯特·阿累尼乌斯（Svante August Arrhenius）于 1907 年提出了"宇宙胚种"论，他认为在宇宙中存在着微生物，这些微生物作为物种的孢子，在太阳光压力的推动下，可以被带到地球上，从而成为生命的起源。

胚种学说为我们理解生命的起源和演化提供了一种独特的视角，尽管它仍有许多未解之谜和待证实的部分，但无疑为我们探索生命的奥秘提供了宝贵的思路。

3. 化学起源说

化学起源说，是目前学界关于生命起源认可度最高的假说。它认为地球上的生命是由非生命物质经过极其复杂的化学过程逐渐演变而成的，强调了化学反应在生命起源过程中的关键作用。

具体来说，原始大气在高温、紫外线以及雷电等自然条件的长期作用下，形成了许多简单的小分子有机物。随着地球温度逐渐降低，原始大气中的水蒸气凝结成雨落在地面上，这些有机物又随雨水进入原始海洋。原始海洋中的有机物不断相互作用，又形成了大分子蛋白质，大约在地球形成后 10 亿年，才形成了原始生命。

1953 年，美国学者斯坦利·米勒（Stanley Miller）的实验模拟了原始地球的条件和原始大气的成分，合成了多种氨基酸，为这一学说提供了论证。《自然》杂志于 2024 年发表的实验研究也发现，穿过岩石裂缝的热流能净化与生命化学起源相关的分子，从而解释了生命最初的基本成分如何从复杂的化学混合物中形成。

化学起源说将生命的起源分为几个阶段，从无机分子的合成开始，到简单有机分子的形成，再到复杂有机分子的聚合，最后到细胞生命的诞生。该学说目前被普遍接受，但仍存在未解之谜。最初的生命体——原始祖细胞是怎么诞生的？生命的进化过程中是先有鸡还是先有蛋？这些问题都等待着科学研究继续去发现。

4. 关于生命形式的假说

生命具有多样性。只要满足了特定的条件，生命可以多种多样。宇宙中像地球这样的环境应该不在少数，氢、碳等元素在宇宙中普遍存在，因此地球之外也有生命存在的可能。也就是说，宇宙生命具有更多的可能性，甚至在炽热的恒星上或者在时空曲率无限大的黑洞中也可能存在生命，只是人类还没有发现它们的存在形式。现代科学提出了多种生命形式的可能性，包括碳基、硅基、硫基、砷基、硼基、其他非传统生命等，这是对生命形式的多元化探索。

碳基生命是我们最为熟悉的生命形式，地球上所有的已知生命都基于此，包括动物、植物、微生物都是由碳元素组成的。且组成地球生命体的氨基酸大多数都是左旋氨基酸，因此学界有人认为这是支持地球生命来自同一个祖先的证据。

砷基生命。这种概念最初在 2010 年 12 月由美国宇航局（NASA）的研究人员提出，当时他们在美国加州的莫诺湖发现了一种细菌，这种细菌能够将砷以砷酸的形式结合到其 DNA 中。这一发现最初被视为有革命性的意义，但后来的研究发现，尽管这种细菌确实能够吸收并利用砷元素，其 DNA 中的砷含量却非常低，且砷元素在 DNA 中的具体位置和取代频率仍存在争议。它是否真正代表了一种全新的生命形式仍有待进一步的科学研究来证实。

硫基生命。这是一种 35 亿年前就存在，以硫、铁元素组成的黄铁矿为食的微生物，其代谢产生硫酸盐、硫化氢等化合物。硫基生命的生存环境，在今天看来完全不适合生命生存，因为遍地都是熔岩，没有植物和藻类，没有光合作用，甚至没有氧气。

氟化硅酮生物。在地球上，所有生物化学物质的溶液均为液态水，但其他化学品也可以充当溶剂，如氨水、液态甲烷、硫化氢或氟化氢。氟化硅酮生物，即以氟化硅酮为介质的生物。这是一种如同玻璃花一般的黑色结晶状生命体，外形呈六边形，每一个角都有一条肢节延伸而出，它们成群结队地生活在积淀着混合酸的巨大湖泊中，叠合在一起，垒叠成类似珊瑚礁一般的堡垒，这种生命体行动非常迟缓和机械化，脑袋上有类似天线的眼睛，能够捕捉次声波。

液态氨生命。这是一种以氨为介质的核酸或蛋白质生物，生存于温度极低的液态氨之中。因为所处的环境温度极低，营养物质交换较为缓慢，它们的行动速度极其迟缓。

硅基生命。在元素周期表中，硅元素和碳元素十分接近，两种元素都能组成长链或聚合物。也就是说，硅元素有可能代替碳元素组成生命。目前关于硅基生命的存在仍仅限于想象，但从化学的角度来讲，这一设想并非不可能。硅只能形成杂链高分子化合物，所以硅基生命的代谢更为复杂，需要大量的酶作为催化剂。故而硅基生物的新陈代谢理论上比碳基生物更慢。而硅元素中的硅键和氢键在质子溶剂中的不稳定性意味着硅基生命只能在非质子溶剂中诞生。也就是说硅基生命不可能在水中诞生，宇宙中那些有水的环境是不可能存在硅基生命的。这一特性限制了其可能的生存环境。

此外，还可能存在其他非传统的生命形式。譬如：金属生命，其存在基础是使金属阴离子与氧元素配对，然后脱水缩聚成共用氧原子的结构，最终形成类似细胞的"金属细胞"；数字生命，一种存在于计算机或者网络之中的人工生命，它们同样具有遗传和进化的能力；高维度生命，现代物理学的弦理论假设宇宙存在 11 个维度，在更高维度的宇宙中的生命形式无疑超出了我们的想象。

目前，我们对于除碳基生命以外的其他生命形式的认识还非常有限，大多数都还停留在设想和对理念的探讨阶段。这些理念的提出主要是基于化学、物理学和天文学等领域的理论推测和实验探索，尚未得到确凿的证据支持。然而，这些理念有助于拓宽我们对生命本质和可能性的认知，为未来的科学研究提供新的方向。

二、生命的演化历程

生命在地球上已存在 38 亿年之久，自其诞生之日起就不停息地变化，在变化中延续、演进。这是一个真实、漫长且仍未终止的历史过程。生命的演化历程已不仅是生物进化历史，实际上它也是地球演化史，是整个自然界（生物与非生物部分）的历史。地球生命和地球上最老的岩石一样古老，即在太古宙早期（35亿～38亿年前），细胞形式的生命就已经出现了。

（一）古生物时代的生命形态

古生代是地质时代中的一个时期，开始于约 5.38 亿年前，结束于约 2.51 亿年前。这一时期是显生宙的第一个代，也是地球历史上一个重要的时期。古生代包括寒武纪、奥陶纪、志留纪、泥盆纪、石炭纪和二叠纪六个纪。

1. 古生代地球环境的特点和变化

古生代的地球环境经历了显著的变化。在早期的寒武纪和奥陶纪，地球的气候环境相对稳定，全球气温较高，热带地区温暖潮湿，温带地区四季分明，极地冰川覆盖面积较小。在中期的志留纪和泥盆纪，地球的气候发生了明显的变化，全球气温下降，温带和极地地区开始出现冰川，气候变得干燥。到了晚期的石炭纪和二叠纪，地球的气候进一步寒冷，全球大部分地区都出现了冰川，气候更加干燥，陆地面积缩小。

除了气候的变化，古生代还发生了大陆漂移和板块构造的重要过程。在奥陶纪末期至志留纪初期，古代大陆的陆地逐渐聚集在一起，形成了劳伦西亚大陆这样的超级大陆。这种大陆漂移和板块构造对地球环境产生了深远影响，包括改变了海洋的分布和特征，形成了山脉。

2. 古生代的主要生物类群

古生代的主要生物类群包括海洋无脊椎动物、鱼类和早期爬行动物等。在早期的寒武纪和奥陶纪，生物主要以海洋无脊椎动物为主，如三叶虫、海绵、软体动物。到了中期的志留纪和泥盆纪，低等鱼类、古两栖类和古爬行类动物相继出现，鱼类在泥盆纪达到了全盛。而在晚期的石炭纪和二叠纪，昆虫和两栖类动物繁盛。

古生代的植物类群也经历了显著的变化。早期以海生藻类为主，随着时代的推进，裸蕨植物和蕨类植物逐渐占据主导地位，尤其在石炭纪和二叠纪时期，蕨类植物特别繁盛，形成了茂密的森林，这也是重要的成煤期。

3. 古生代生物对地球环境的影响

古生代的生物对地球环境产生了深远的影响。生物的活动和分布直接影响了地球的气候和生态系统。例如，蕨类植物的大量生长和死亡，以及它们的遗骸在地层中的积累，形成了丰富的煤炭资源，这对地球的能量循环和气候变化都产生了影响。

古生代的生物通过改变土壤的成分和结构，影响了地球的地质环境。例如，植物根系的活动有助于土壤的形成和改良，而动物的挖掘和移动也改变了地层的形态和结构。

古生代的生物对地球的化学环境产生了影响。通过生物体的新陈代谢和分解作用，一些元素和化合物在生物体和地球环境之间进行了循环和转化，这对地球的化学平衡和元素的分布都产生了影响。

（二）陆地生命的出现与植物的演化

海洋生命向陆地生命的转变始于数亿年前，当时的一些海洋生物开始尝试在陆地上生活。这一转变标志着陆地生物演化的新篇章，从此生物足迹遍布大地。为了适应陆地生活，这些海洋生物必须进行一系列的适应性改变，包括呼吸方式、肢体发展、视觉提升等。

1. 陆地生命起源

海洋生物通常依赖鳃进行氧气交换，而在陆地上，它们需要通过肺部或其他呼吸器官来进行呼吸。在陆地上，需要行走的动物需要肢体来支撑自己。当时的肢体基本上只是扩展的鱼鳍，后来逐渐演化出了脚与腿。生物在陆地上经历了一天中亮度的变化，这让眼睛逐渐进化出了适应白天与夜晚的视力。此外，陆地生物也需要有更灵活的眼睛来寻找食物、逃离捕食者和识别黑暗中的物体，于是动物的眼睛也逐渐变得敏锐。

在海洋生命向陆地生命的演变过程中，两栖动物、爬行动物和哺乳动物起到了重要的作用。

两栖动物是从海洋生命向陆地生命转变的关键生物群落。它们是最早的陆地生物，并且是连接海洋和陆地生态系统的桥梁。两栖动物的皮肤可以吸收水分和氧气，它们的四肢也可以支持它们在陆地上移动，这使得它们能够在陆地上生存。

爬行动物是另一类关键的生物，它们进一步推动了生命从海洋向陆地的转变。它们拥有更发达的四肢和更高效的肺部呼吸系统，这使得它们可以在陆地上更好地移动和获取氧气。

哺乳动物是最后完成从海洋向陆地转变的生物。它们的身体结构已经完全适应了陆地生活，它们拥有更发达的大脑、更复杂的感官系统和更先进的运动方式。

这些生物群体的转变过程经历了长时间的进化和自然选择。在这个过程中，它们必须适应新的环境和生态，同时也必须克服新的困难，以获取水分和氧气，并在陆地上移动和觅食。它们的存在和发展，不仅丰富了生物多样性，也为我们理解生命的演化和生态系统的形成提供了重要的线索。

2. 植物的登陆与演化

植物的登陆是生命演化史中的一个重要事件。大约 4.4 亿年前的古生代志留纪时期，类似苔藓的植物最先登陆。这些植物通过身体表面吸收水分和养分，并逐渐适应了陆地环境。随后，植物进一步演化，长出了发达的茎和坚固的表皮，以适应陆地的干燥环境。蕨类植物是这一时期的代表，它们通过进化出的输导组织将水分运输到身体各处，从而能够在陆地上更好地生存。

随着时间的推移，植物继续演化，出现了更为复杂的形态和种类。被子植物的出现是植物演化史上的一个重要里程碑，它们具有更加成熟的生殖方式和更为卓越的生态适应性。这些植物不仅丰富了陆地生态系统的生物多样性，还为动物的演化提供了丰富的食物来源和栖息地。

（三）脊椎动物到人类的演化历程

包括人类在内，地球上现存99.8%的脊椎动物都具有颌骨，被统称为有颌脊椎动物或有颌类。有颌类的出现与崛起，是"从鱼到人"的脊椎动物演化史上最关键的跃升之一。从鱼到人的演化过程长达5亿年左右。最早的无颌类生物逐渐演化成有颌类，进一步演变成肉鳍鱼类，这些鱼类随后登上陆地变成两栖类和哺乳动物，最终演化成人类。

1. 脊椎动物的起源与早期演化

脊椎动物的起源可以追溯到约5.41亿至4.85亿年前的寒武纪早期，作为"寒武纪大爆发"的一部分。在这个时期，最早的脊椎动物出现了，它们具备了原始的脊椎，为后续演化奠定了基础。这些早期的脊椎动物主要生活在水中，通过鳃进行呼吸。

随着时间的推移，脊椎动物逐渐演化出更为复杂的形态和生理结构。其中，鱼类是脊椎动物早期演化的重要代表。最早的鱼类是软骨鱼，它们的内骨骼由软骨组成。随后，硬骨鱼出现，它们的骨骼变得更加坚固，并逐渐演化出适应水中生活的尾巴和鳞片。

在古生代的末期，随着陆地环境的逐渐稳定，两栖动物开始出现。这些动物具有水陆两栖的特性，它们的出现标志着脊椎动物从水生向陆生的过渡。

2. 哺乳动物的兴起与多样化

进入中生代，爬行动物开始在陆地上繁衍生息。一些爬行动物逐渐演化出了哺乳动物的特征，成为哺乳动物的祖先。随着时间的推移，哺乳动物逐渐发展出一系列独特的生理特征，如产奶腺、体毛和内耳三小骨等，这些特征为哺乳动物在不同环境下的适应能力提供了基础。

在哺乳动物的演化过程中，自然选择起到了关键作用。它推动了不同物种的分化和多样化，使得哺乳动物能够适应各种生态环境。一些哺乳动物通过进化发展出了特殊的适应性特征，如蹄及反刍胃使其适应食草的生活方式等。

3. 人类的演化与文明的发展

人类的演化与文明的发展是脊椎动物演化历程中的巅峰之作。人类起源于非洲的类人猿，经过数百万年的演化，逐渐形成了现代人类的形态和智力水平。人类的出现改变了地球的面貌，还创造了丰富多彩的文明成果，成为地球上最具影响力的生物之一。

人类的演化历程可以追溯到约700万年前的非洲。最早的古人类，如"露西"[1]等，主要依赖四肢行走，并使用简单的工具。随着时间的推移，人类的脑容量逐渐增大，智力水平也不断提高。大约250万年前，出现了能够制造复杂工具的古人类，如"能人"。

进入石器时代，人类的生活方式逐渐从狩猎采集转变为农耕和畜牧。这一时期的代表有尼安德特人和智人。智人最终在全球范围内广泛分布，并逐渐发展出复杂的社会结

---

[1] 露西（Lucy）是一具发现于东非的古人类化石标本。此标本具有约40%的阿法南方古猿骨架，由唐纳德·约翰森等人于1974年在埃塞俄比亚阿法尔谷底阿瓦什山谷的哈达尔发现。露西生活于约320万年以前并被归类为人族，是已知最早的人类祖先，被称为"人类祖母"。这副骨架具有类似猿的脑容量和类似于人类的二足直立行走方式，支持了人类进化争论中直立行走在脑容量增大之前的看法。

构和文化。

随着农业革命的到来，人类开始种植作物和驯养动物，这大大提高了粮食生产力，为人类历史上城市化和文明进程的发展奠定了基础。随后，古埃及、古希腊、古罗马、古印度和古中国这样的古文明相继出现，它们在社会组织、文化、科技和艺术等方面都取得了显著的进步。

进入近代，人类经历了工业革命、科学革命等重要时期，科技水平和社会生产力得到了极大的提升。同时，人类也开始更加关注环境保护和可持续发展，努力构建与自然和谐共生的未来。

模块二　人类生命的诞生与发展

小时候家长总是会和我们开玩笑：你是垃圾堆捡来的啊。但是我们却把玩笑当真了，伤心了。长大后，我们开始上学，学习知识，才知道生命是如何诞生的。那么，人是怎么来的呢？

一、人类生命的孕育与诞生

高级生物要繁衍后代，少不了雌雄交配，精子与卵子的结合。人是高级动物，自然也不例外。男女的结合是孕育新生命的必要条件，当成熟的卵细胞和精子在适宜的条件下结合后，就会成为受精卵，从而诞生下一代的生命。

（一）生命的孕育过程

1. 生殖细胞形成

生殖细胞的形成是生命孕育过程中的第一步，它涉及复杂的生物学机制，确保了人类能够通过有性生殖产生后代。在男性体内，生殖细胞的形成称为精子发生，而在女性体内，生殖细胞的形成称为卵子发生。

精子在男性的睾丸中产生。从青春期开始，原始生殖细胞（精原细胞）在睾丸的生精小管中经历一系列的分裂和分化过程。首先，精原细胞经过减数分裂产生初级精母细胞，然后初级精母细胞再次经历减数分裂，形成四个遗传信息各不相同的精子细胞。这些精子细胞随后发育成为成熟的精子。成熟的精子具有紧凑的头部、细长的中段和鞭打状的尾部，尾部的摆动使精子能够在女性生殖道中游动。

卵子在女性的卵巢中产生。女性出生时卵巢内已经包含了所有的原始生殖细胞（卵原细胞），但卵原细胞直到青春期才开始成熟。每个月都会有一组卵原细胞在卵巢中发育成初级卵母细胞，然后进入减数分裂的过程。通常情况下，只有一个初级卵母细胞会完成减数分裂，形成一个成熟的卵子，其他的则退化消失。成熟的卵子被释放进入输卵管，等待精子的到来。

生殖细胞的形成过程不仅是生命延续的基础，而且在遗传学上具有重要意义。精子和卵子各自携带一半的遗传信息，当它们结合时，会形成一个含有完整遗传信息的受精卵。这个受精卵随后会发育成一个新的个体，拥有父母双方的遗传特征。

2. 精卵结合

精卵结合需要经历三个步骤：相遇、融合、形成受精卵。

在女性的排卵期，卵子从卵巢排出后被输卵管捕获并停留在输卵管内。此时，如果有性生活，精子会自行游动进入女性的子宫腔，并进一步进入输卵管，与等待在那里的卵子相遇。

当精子与卵子相遇后，精子头部的顶体外膜破裂，释放出顶体酶，这些酶会溶解卵子外围的放射冠和透明带，使精子能够穿过并与卵母细胞融合。

精子与卵子融合后，卵原核与精原核的染色体相互混合，形成一个二倍体的受精卵，标志着受精过程的完成。

3. 胚胎发育

在精卵结合形成受精卵之后，受精卵在输卵管内会经历多次细胞分裂，形成多个细胞。这些细胞随后开始分化，形成具有特定功能的细胞类型，为后续形成组织和器官打下基础。细胞团继续发育，形成囊胚。囊胚由外层的滋养层和内层的内细胞团组成。随后，囊胚会移动到子宫内，并附着在子宫内膜上，开始着床过程。着床后，胚胎开始进入快速发育的阶段，称为胚胎期。在这个阶段，胚胎会形成各种组织和器官。随着时间的推移，胚胎逐渐发育成为胎儿。在这个阶段，胎儿的器官进一步发育和成熟，同时，胎儿也会通过脐带和胎盘与母体进行营养和氧气的交换。胎儿在子宫内继续生长，体重和身高逐渐增长。同时，各种器官和系统也逐渐完善，为出生后的生活做好准备。

（二）胎儿发育的阶段

卵子受精后的前两周称为受精卵，受精后的第3～8周称为胚胎，9周之后就可以称为胎儿了。从受精卵到成熟的胎儿要经过一个不断进展和完善的生命孕育过程。

1. 孕早期

孕早期通常指的是怀孕后的第1～12周。在这个时期，胚胎的体积相对较小，主要器官开始逐渐发育。这一时期，胚胎的心脏、大脑和脊髓等重要器官开始发育。胚胎的四肢芽也开始出现，同时，面部结构和眼睛的基本轮廓也开始形成。

2. 孕中期

孕中期是怀孕的第13～27周。在这个时期，胎儿的体积逐渐增大，器官逐渐发育完全。在这一阶段，胎儿的性别可以通过超声波检查确定。此外，胎儿的皮肤开始形成保护层，头发和指甲也开始生长。胎儿的活动也变得更加频繁，有时甚至可以感受到胎动。

3. 孕晚期

孕晚期是怀孕的第28～40周。在这个时期，胎儿的生长发育比较快，各器官发育逐渐完善。胎儿的肺部和消化系统发育成熟，为出生后的独立生活做好准备。此时，胎儿的大脑迅速发育，对外部环境的感知能力也不断增强。胎儿的位置通常会下降到骨盆，为分娩做准备。

4. 分娩

分娩是指胎儿脱离母体成为独立存在的个体的过程。分娩的全过程共分为 3 期，也称为 3 个产程。第一产程是宫口扩张期，产妇会感到宫缩和疼痛。第二产程是胎儿娩出期，胎儿通过产道娩出。第三产程是胎盘娩出期，胎盘从子宫壁剥离并娩出。分娩是一个需要医生和产妇共同努力的过程，需要确保母婴的安全和健康。

在这个过程中，母亲的生理和心理都作出了巨大的付出，所以要铭记孕育的艰辛，感恩母亲的付出。

二、人的生理发育与成长过程

人的生长发育具有连续、渐进的特点，在这一过程中随着人体的变化，形成了不同的生长发育阶段，并表现出不同的发育特点与规律。

（一）人类的生理发育阶段

1. 新生儿阶段（0 至 1 个月）

新生儿阶段是出生后的第一个月。在这个阶段，新生儿的生理系统迅速适应外部环境，呼吸系统、循环系统、消化系统和排泄系统逐渐成熟。他们的视力和听力也在不断发展，同时开始展现出基本的反射行为，如吸吮和握抓。此阶段主要是适应外部环境，逐渐建立稳定的生物节律的阶段。

2. 婴幼儿阶段（1 个月至 3 岁）

婴幼儿阶段包括婴儿期（1 个月至 1 岁）和幼儿期（1 岁至 3 岁）。在这个阶段，儿童经历了快速的身体发育，身高、体重显著增加。大运动技能开始发展，逐渐学会坐、爬、走和跑。认知和语言能力也在这个阶段迅速发展，他们开始理解周围的世界，并尝试用简单的词汇进行交流。这是大脑迅速发育的时期，也是性格和习惯养成的关键时期。

3. 学龄前和学龄阶段（3 岁至 12 岁）

学龄前和学龄阶段是儿童身心发展的关键时期。在这个阶段，儿童的身体继续生长，大脑迅速发育，他们开始形成复杂的思维能力和社交能力。教育和学习成为这一阶段的重点，儿童在学校中学习知识，培养解决问题的能力，社交圈子逐渐扩大，并建立起自我认同。在这个阶段，儿童的身体和心理都在迅速发展，他们需要适应学校生活和学习如何面对压力。

4. 青春期阶段（12 岁至 18 岁）

青春期是生理和心理变化最为显著的阶段。在这个阶段，个体经历了第二性征的发育，如男孩声音变粗、女孩乳房发育和月经初潮。性激素的分泌促使生殖系统逐渐成熟，同时情绪波动和自我意识也随之增强。青春期也是个性形成和社会角色转变的重要时期。此阶段是个体生理、心理和社会角色发生显著变化的时期，也是塑造世界观、人生观、价值观的关键时期。

5. 成年阶段（18 岁以上）

成年阶段是生理发育的成熟期，个体的身体功能达到顶峰。在这个阶段，成年人承担起社会和家庭的责任，包括工作、养育子女和照顾家人。身体的新陈代谢开始放缓，但健康的生活方式可以帮助维持身体的机能。此阶段是个人事业和家庭生活的主要阶段，也是积累经验和智慧的重要时期。

6. 老年阶段（65 岁以上）

老年阶段是生理功能逐渐衰退的时期。随着年龄的增长，老年人可能会面临各种健康挑战，包括心脑血管疾病、关节炎和认知障碍。然而，许多老年人仍然保持着积极的生活态度和较高的生活质量。此阶段需要关注老年人的生理健康和心理健康，提供必要的支持和照顾，帮助他们安度晚年。

（二）人类生理发育的特点与规律

1. 连续性与阶段性

人类的生理发育是一个持续不断的过程，从出生到老年，每个阶段都是前一个阶段的延续和发展。尽管发育是连续的，但它也呈现出明显的阶段性特征。每个阶段都有其特定的生理变化和发展任务，如新生儿阶段的主要任务是适应外部环境，青春期则是性发育和第二性征出现的关键时期。

2. 不平衡性

生理发育在不同系统和器官之间表现出明显的不平衡性。例如，神经系统在婴幼儿期发育迅速，而生殖系统的发育则相对较晚。这种不平衡性确保了身体各部分的协调发展和功能的逐步完善。

3. 顺序性

生理发育遵循一定的顺序规律，通常从上到下、由近到远、由粗到细、由低级到高级、由简单到复杂。例如，婴儿先学会抬头、翻身，再逐渐学会坐、爬、站和走。

4. 遗传性与个体差异

生理发育受到遗传因素的显著影响，不同个体在发育速度、特征和潜能上存在差异。同时，环境和生活方式等因素也会对发育产生重要影响，导致个体之间的发育差异。

5. 可塑性

生理发育具有一定的可塑性，即在外界环境的影响下，个体的生理结构和功能可以发生一定的改变。例如，适当的营养和运动可以促进身体的发育和健康，而不良的环境和生活习惯则可能对发育产生不良影响。

6. 不可逆性

生理发育是一个不可逆的过程，一旦某个阶段的发育完成，就无法再回到该阶段或重新进行该阶段的发育。因此，每个阶段的发育都是宝贵的，需要珍惜和充分利用。

（三）保持健康的生活方式

1. 合理饮食，保持营养均衡

合理饮食是维持身体健康的基础。我们应该注重食物的多样性，确保摄入足够的蛋白质、碳水化合物、脂肪、维生素和矿物质。同时，要控制盐、糖和油的摄入量，避免过多摄入高热量、高脂肪和高糖的食物。

为了保持营养均衡，我们可以遵循"五谷杂粮，蔬果相伴"的饮食原则。多吃粗粮、杂粮和豆类，这些食物富含膳食纤维和植物蛋白，有助于促进肠道蠕动，预防便秘和肠道疾病。同时，多吃新鲜蔬菜和水果，它们富含维生素和矿物质，有助于增强免疫力，预防疾病。

2. 规律运动，增强身体素质

规律运动是保持身体健康的重要手段。运动能够增强心肺功能，提高身体素质，预防慢性疾病。根据个人喜好和身体状况，我们可以选择适合自己的运动方式，如散步、慢跑、游泳、瑜伽等。

3. 充足睡眠，保持良好心态

充足的睡眠对于身体健康至关重要。睡眠不足会导致疲劳、注意力不集中、免疫力下降等问题。因此，我们应该养成良好的睡眠习惯，保证每晚7～8小时的睡眠时间。

为了改善睡眠质量，可以保持卧室安静、舒适和温暖；避免在睡前使用电子设备；制定规律的作息时间表；进行深呼吸、冥想等放松训练，缓解压力，促进睡眠。

此外，保持良好心态也是健康生活方式的重要组成部分。我们应该学会调整自己的情绪，保持积极乐观的心态，避免过度焦虑和抑郁。通过与他人交流、参加兴趣爱好活动、寻求专业心理咨询等方式，我们可以更好地应对生活中的挑战和压力。

三、人的心理发展与社会适应

人的心理发展与社会适应是个体成长过程中的核心组成部分，它们相互作用，共同塑造我们的行为和个性。心理发展涉及从婴儿期到成年期的认知、情感和人格的变化，这些变化受到遗传、环境和个人经历的影响。社会适应则是个体如何在社会中找到自己的位置，包括建立人际关系、遵守社会规范和实现个人目标。

（一）人类心理发展的基本规律

人类心理发展是一个复杂而有序的过程，它遵循着一些基本的规律。

1. 连续性与阶段性

个体的心理发展是一个持续不断的过程，从出生到成年，心理发展一直在进行，没有明确的断点。前一个阶段的发展为后一个阶段奠定了基础。每个阶段都有其特定的心理特点和发展任务。虽然心理发展是连续的，但它也呈现出明显的阶段性特征。每个阶段都有其独特的心理发展任务和特点。

2. 定向性与顺序性

心理发展是按照一定的方向进行的，是有目标、有指向性的。婴儿期主要发展感知能力，儿童期开始形成自我意识，青少年期则注重自我认同和社会认知的发展。心理发展遵循一定的顺序，通常是由简单到复杂、由低级到高级。例如，婴儿期首先发展的是基本的感知能力，然后是简单的思维能力，接着是复杂的认知和情感能力。

3. 不平衡性

心理发展在不同阶段和方面表现出不平衡性。有些能力可能在某个阶段发展迅速，而在其他阶段发展则相对缓慢。此外，不同个体之间在同一发展阶段也可能存在显著的差异。这种不平衡性反映了心理发展的复杂性和多样性。

4. 差异性

个体之间的心理发展存在显著的差异。这些差异可能源于遗传、环境、教育等多种因素。因此，即使在相同的年龄阶段，不同个体的心理发展水平也可能大相径庭。这种差异性要求我们尊重每个人的独特性和发展速度，避免"一刀切"的评价标准。

（二）不同年龄阶段心理发展的特点与问题

1. 婴儿期（0～2岁）

这一阶段的心理发展主要表现为感觉、知觉的敏锐和基本情感的萌芽。婴儿通过触觉、味觉、视觉等感官体验世界，形成初步的认知结构。他们开始展现基本的情感反应，如快乐、愤怒和恐惧。

这一阶段常见的心理问题包括分离焦虑和依赖性。随着母亲与婴儿的分离，婴儿可能会表现出不安。此外，过度的依赖可能会影响婴儿的独立发展。

2. 幼儿期（2～6岁）

幼儿期的心理发展特点是想象力和创造力的蓬勃发展。幼儿开始使用语言表达思想，形成初步的道德观念，并展现出强烈的好奇心和探索欲望。

这一阶段常见的心理问题包括自我中心主义和情绪波动。他们可能会因为需求无法得到满足而发脾气，或者难以理解他人的感受。此外，过度的保护可能会限制幼儿的自主性和创造力。

3. 学龄前与学龄期（6～12岁）

这一阶段的心理发展特点是认知能力的显著提升和社交能力的增强。学龄前儿童开始掌握阅读和写作技能，而学龄期儿童则在逻辑思维和问题解决方面取得进步。他们开始建立友谊，并学会合作与竞争。

这一阶段常见的心理问题包括学习压力和同伴关系问题。随着学业负担的增加，孩子可能会感到焦虑和压力。同时，他们可能会因为与同伴的交往而遇到挫折或产生困惑。

4. 青春期（12～18岁）

青春期的心理发展特点是身份认同的形成和性激素的变化。青少年开始探索自我身份，形成独立的价值观和人生观。他们的情绪波动较大，容易受到同龄人的影响。

这一阶段常见的心理问题包括自我认同危机和情绪问题。青少年可能会对自我价值产生怀疑，感到迷茫和焦虑。此外，他们可能会因为情绪波动而出现抑郁或焦虑症状。

5. 成年期（18岁以上）

成年期的心理发展特点是心理成熟和社会责任的承担。成年人在认知、情感和行为方面更加成熟，能够处理复杂的人际关系和社会问题。他们开始承担家庭和职业的责任。

这一阶段常见的心理问题包括职业压力和人际关系问题。随着职业的发展和家庭责任的增加，成年人可能会面临压力和挑战。同时，他们可能会因为与伴侣、子女或同事的关系而受到困扰。此外，中年危机也是成年期常见的心理问题之一，它可能导致个体对生活感到不满和迷茫。而在老年时，获得感、需求感的缺失，也会导致老年人出现对自身的认知不当。

（三）人类在社会化过程中扮演的不同角色

1. 家庭角色

在家庭中，我们扮演着多种角色，如子女、父母、配偶等。作为子女，我们需要尊敬和照顾父母；作为父母，我们需要抚养和教育子女；作为配偶，我们需要相互支持和关爱。这些角色要求我们履行相应的责任和义务，同时也让我们学会如何与他人建立亲密关系和履行家庭责任。

2. 职业角色

在职业领域，我们扮演着员工、领导、同事等角色。作为员工，我们需要尽职尽责地完成工作任务；作为领导，我们需要带领团队并作出决策；作为同事，我们需要相互协作并达成目标。这些角色要求我们具备专业知识和技能，同时也让我们学会如何与他人合作并应对职场挑战。

3. 社会角色

在社会中，我们扮演着公民、志愿者、消费者等角色。作为公民，我们需要遵守法律法规并积极参与社会事务；作为志愿者，我们需要为社区作出贡献并帮助他人；作为消费者，我们需要理性购物并维护自身权益。这些角色要求我们具备社会责任感和公民意识，同时也让我们学会如何与他人互动并维护社会秩序。

模块三　自然生命的敬畏与保护

一、敬畏自然生命

"敬畏"一词由"敬"和"畏"组成，两者都有10多种含义。在敬畏自然生命这一语境中，"敬"指的是"尊重、尊敬"之意，"畏"指的是"害怕、畏惧"的意思。因此，敬畏自然生命也就意味着，既要尊敬自然生命，也要畏惧自然生命。

（一）敬畏自然生命的内涵与价值

敬畏自然生命，其内涵首先体现在对自然界和所有生命体的尊重与珍视上。这种敬畏不仅是对自然伟力的赞叹，更是对人类在自然界中位置的正确认知。自然生命包括了从微观的细菌到宏大的生态系统中的所有生物，它们共同构成了地球上丰富多样的生命网络。

敬畏自然生命的价值在于，它提醒我们人类并非自然界的主宰，而是其中的一部分。我们的生存和发展依赖于自然环境的健康与稳定。通过敬畏自然生命，我们能够更加珍视和保护自然资源，促进生态平衡，实现可持续发展。此外，敬畏自然生命还有助于培养我们的道德情感和责任感，激发我们对美好事物的追求和向往。

（二）人类对自然生命的认识误区与偏见

尽管我们在科学上已经取得了巨大的进步，但在对待自然生命的问题上，我们仍然存在误区和偏见。一些人认为人类是自然界的主宰，可以随意支配和利用其他生命。这种观念导致了对自然资源的过度开发和对环境的破坏，给生态平衡带来了严重威胁。另一些人则过于强调人类的特殊性，忽视了人类与其他生命的联系。这种偏见阻碍了我们对生命多样性的认识和尊重。

（三）敬畏自然生命的实践

首先，需要从教育入手，普及生态学和环境科学知识，提高公众对自然生命的认识和尊重。同时，我们应该倡导绿色生活方式，减少对环境的破坏和污染。

其次，政府和企业也应该承担起保护自然环境的责任。政府应制定和执行严格的环保法规，鼓励绿色产业的发展；企业应积极采用环保技术和生产方式，降低对环境的负面影响。

最后，我们每个人都应该从自身做起，关爱自然环境，珍惜自然资源。通过实际行动来表达对自然生命的敬畏和尊重，共同构建一个和谐共生的地球家园。

二、珍稀物种及其保护

对于人类的日常生活来说，我们和其他生物一起，组成了整个生物圈错综复杂的食物网，每种生物都有其生态位的存在，是食物网中重要的一环。随着人类文明的发展，我们培育了多种多样的经济作物，驯化了各类家禽牲畜，这些生物维持了人类社会的正常运转，也在食物网中发挥着积极的作用。

但随着人类活动的逐渐扩大，我们有义务和责任关注那些生存状况非常脆弱，数量极其稀少，难以自行扩展甚至生存的野生动植物种群。这些物种通常具有独特的生态位，对生态系统的稳定和功能发挥起着不可替代的作用。

（一）珍稀物种的特征与分类

珍稀物种的特征主要有较低的繁殖率、较高的死亡率以及有限的分布范围。它们的生存环境往往受到严格限制，对于环境变化、人类活动等因素的干扰非常敏感。

珍稀物种的等级划分通常基于它们的数量、受威胁程度、生态重要性等多个因素。具体的等级划分可能因不同的国家或地区、不同的保护组织或机构而有所差异。根据《ICUN 物种红色名录　濒危等级和标准》，濒危物种可以划分为以下几个等级。

绝灭 Extinct (EX)

如果没有理由怀疑一分类单元的最后一个个体已经死亡，即认为该分类单元已经绝灭。于适当时间（日、季、年），对已知和可能的栖息地进行彻底调查，如果没有发现任何一个个体，即认为该分类单元属于绝灭。但必须根据该分类单元的生活史和生活形式来选择适当的调查时间。

野外绝灭 Extinct in the Wild (EW)

如果已知一分类单元只生活在栽培、圈养条件下或者只作为自然化种群（或种群）生活在远离其过去的栖息地时，即认为该分类单元属于野外绝灭。于适当时间（日、季、年），对已知的和可能的栖息地进行彻底调查，如果没有发现任何一个个体，即认为该分类单元属于野外绝灭。但必须根据该分类单元的生活史和生活形式来选择适当的调查时间。

极危 Critically Endangered (CR)

当一分类单元的野生种群面临即将绝灭的几率非常高，即符合极危标准中的任何一条标准时，该分类单元即列为极危。

濒危 Endangered (EN)

当一分类单元未达到极危标准，但是其野生种群在不久的将来面临绝灭的几率很高，即符合濒危标准中的任何一条标准时，该分类单元即列为濒危。

易危 Vulnerable (VU)

当一分类单元未达到极危或者濒危标准，但是在未来一段时间后，其野生种群面临绝灭的几率较高，即符合易危标准中的任何一条标准时，该分类单元即列为易危。

近危 Near Threatened (NT)

当一分类单元未达到极危、濒危或者易危标准，但是在未来一段时间后，接近符合或可能符合受威胁等级，该分类单元即列为近危。

无危 Least Concern (LC)

当一分类单元被评估未达到极危、濒危、易危或者近危标准，该分类单元即列为无危。广泛分布和种类丰富的分类单元都属于该等级。

数据缺乏 Data Deficient (DD)

如果没有足够的资料来直接或者间接地根据一分类单元的分布或种群状况来评估其绝灭的危险程度时，即认为该分类单元属于数据缺乏。属于该等级的分类单元也可能已经作过大量研究，有关生物学资料比较丰富，但有关其丰富度和分布的资料却很缺乏。因此，数据缺乏不属于受威胁等级。列在该等级的分类单元需要更多的信息资料，而且通过进一步的研究，可以将其划分到适当的等级中。重要的是能够正确地使用可以使用的所有数据资料。多数情况下，确定一分类单元属于数据缺乏还是受威胁状态时应当十分谨慎。如果推测一分类单元的生活范围相对地受到限制，或者对一分类单元的最后一次记录发生在很长时间以前，那么可以认为该分类单元处于受威胁状态。

未予评估 Not Evaluated (NE)

如果一分类单元未经应用本标准进行评估，则可将该分类单元列为未予评估。

（二）珍稀物种的保护现状与措施

当前，各国政府都在积极出台相关的法律法规，保护珍稀物种的生存环境，加大对违法行为的惩罚力度。我国出台了《中华人民共和国野生动物保护法》《中华人民共和国渔业法》《中华人民共和国陆生野生动物保护实施条例》等法律法规，各地还可以根据本地实际情况，确定并公布地方重点保护的野生动植物。

按需建立保护区，在珍稀物种的主要生存区域建立保护区，为它们提供一个安全的生存环境。加大科研力度，研究珍稀物种的生活习性，以便更好地制定保护策略。通过教育和宣传，提高公众对珍稀物种保护的认识，形成全社会共同参与保护珍稀物种的氛围。加强国际合作与交流，共同应对珍稀物种保护面临的挑战。

珍稀物种的保护是一项长期而艰巨的任务，需要政府、科研机构、社会组织和公众等各方共同努力。只有通过全社会的共同参与和持续努力，才能有效地保护珍稀物种，维护生态系统的稳定和生物多样性。

（三）共同保护，绿色生活

保护自然环境和珍稀物种不仅需要政府和科学家的努力，还需要每个人的参与。倡导绿色的生活方式，提高对珍稀物种的重视和了解，是每一个公民的责任和义务。在生活中，我们可以从以下几点身体力行地行动起来。

一是减少资源消耗。通过节约用水、用电等，减少对自然资源的消耗，从而减轻对环境的压力。

二是选择环保产品。购买环保材料制成的产品，支持那些践行可持续生产方式的企业。

三是减少废物产生。通过垃圾分类、回收和再利用，减少垃圾的产生和对环境的污染。

四是低碳出行。尽可能选择步行、骑自行车或使用公共交通工具，减少私家车的使用，从而降低碳排放。

五是参与环保活动。积极参加植树造林、清洁河流等环保活动，为保护自然环境贡献自己的力量。

敬畏生命，保护自然就是保护我们人类自己，保护子孙后代的生活家园。现在的中国正走在以美丽中国建设全面推进人与自然和谐共生的现代化进程中。正如习近平总书记所指出的，"要深入贯彻新时代中国特色社会主义生态文明思想，坚持以人民为中心，牢固树立和践行绿水青山就是金山银山的理念，把建设美丽中国摆在强国建设、民族复兴的突出位置，推动城乡人居环境明显改善、美丽中国建设取得显著成效，以高品质生态环境支撑高质量发展"。

第二单元

学会保护生命

单元目标

◇ 了解生命保护的基本知识和方法，增强自我保护意识和能力。

◇ 掌握应对突发事件的策略和技巧，提高应对风险的能力。

◇ 掌握心理保护方法和应对挫折的方法，培养生命责任感。

认知提示

◇ 物种延续的本能使任何生命都有与生俱来的求生欲望。如何保护和延续生命，抵制来自内外环境的各种侵害，是每个生命体都应该掌握的知识。人首先要活着，才能生活。儿童、青少年甚至成年人都要了解生存知识、自救知识，学会自我保护，加强生命安全意识，自觉抵制自残、暴力、赌博、吸毒、网瘾、性放纵等危害生命的行为，还自己和他人健康的身体和安全的生存环境。同学们要正确对待生活与学习中的挫折、痛苦和逆境，不能以自杀、伤人、吸毒等损害和透支生命的方式来逃避和发泄痛苦，而要树立积极的人生态度，勇于面对苦难。

思考与实践

◇ 阅读《学会生存：如何成为一个生存能力很强的人》前言部分"生存三角：希望、努力和计划"（中信出版集团，［英］约翰·哈德森著，夏南译）。

◇ 讨论阅读"生存三角：希望、努力和计划"的心得。

◇ 在日常生活中，我们可能会面临各种潜在的危险。结合生活经验，列举出至少三种常见的安全隐患，并提出相应的防范措施。

活动设计

◇ 不能延长生命长度的时候，选择拓展生命的宽度；不能左右天气的时候，选择改变心境；不能选择容貌的时候，选择展现笑容。吃饭莫太饱，走路莫快跑，说话莫太吵，喝酒要少，睡觉要早，遇事莫恼，经常洗澡，身体最好。

◇ 搜索一些关于保护生命和拓展生命宽度的书籍，在班级内设立一个"生命宽度拓展与健康生活"的图书角，定期更新相关书籍。

人首先要活着，才能生活。但在现实生活中，并非所有的人都能认识到这一道理，故而伤害生命、透支生命、践踏生命的现象层出不穷。因此，生命教育要引导儿童、青少年甚至成年人了解生存知识、自救知识，学会自我保护，加强生命安全意识，树立积极的人生态度，勇于面对苦难。同时，要学会规避危害生命安全的行为，共同构建和谐安全的生存环境。

模块一　生命保护的意义与原则

一、生命保护的意义

在人类漫长的历史长河中，我们始终是自然界的一部分，与其他生命共享这颗星球。然而，随着科技的飞速发展和人口的激增，人类活动对自然环境的影响日益显著，这也对人类的未来构成了严峻挑战。

生命保护的意义在于，它关乎我们作为一个物种的持续生存和繁荣。健康的生态系统是人类生存的基础，而生物多样性的丧失将削弱这一基础，导致生态环境被破坏，从而影响到农业产量、水资源管理以及人类健康。此外，许多疾病的传播与生态环境的破坏密切相关，保护人类生命也意味着要预防潜在的公共卫生危机。

因此，我们必须采取积极的措施来保护生命，包括改善医疗保健条件、加强环境保护法规的执行、推动可持续发展，以及提高公众的健康意识。通过这些努力，我们不仅能够保障当前人类的健康和福祉，还能为子孙后代创造一个更加健康、可持续的未来。

（一）生命的脆弱性与风险认知

生命的脆弱性包括生理脆弱和心理脆弱。

生命的生理脆弱性主要体现在人体复杂的结构和功能。人体由众多器官和系统组成，这些器官和系统相互依赖、共同工作以维持生命活动。然而，这种复杂性也意味着一旦某个系统出现问题，就可能对整个机体产生影响。例如，在重大疾病或意外事故中，人体往往容易出现难以恢复的损伤，进而威胁生命。此外，随着年龄的增长，人体的生理功能会逐渐下降，各种慢性疾病的风险也会增加，生命的脆弱性进一步加剧。

生命的心理脆弱性同样值得关注。人的心理状态受到多种因素的影响，包括遗传、环境、社会关系等。一些心理疾病，如抑郁症、焦虑症等，可能存在易感基因。此外，个体成长环境中的压力和亲密关系等也会影响心理健康状况。例如，童年时期的经历、家庭背景、学校环境、社会压力等因素都可能对个体造成影响，进而影响其心理脆弱程度。当个体面临压力、挫折或创伤时，可能会心理防线崩溃，导致严重的心理问题。

生理脆弱性与心理脆弱性并不是孤立的，它们往往相互影响。生理疾病可能导致心理问题的出现，而心理问题也可能影响生理健康。

（二）生命保护是每个人的责任与义务

作为自身生命安全的第一责任人，生命保护是每个人的责任与义务。从伦理的角度出发，每个人都拥有生存的权利，这是人类最基本的权利之一。同时，我们也有义务保护好自己的生命，只有健康、安全的个体才能更好地实现个人价值，履行对他人和社会的责任。

从社会责任的角度来看，保护自身的生命安全也是对家人和社会负责。一个人的离去可能会给家人带来无法弥补的伤痛，影响家庭的稳定和幸福。同时，每个人都是社会的一分子，我们的行为和安全状态直接或间接地影响着他人和社会，意外的发生可能给家人带来痛苦，给社会造成损失。

从个人成长和发展的角度来看，保护自身的生命安全是实现个人价值和梦想的前提。生命是短暂的，我们应该珍惜它、充实它，努力实现自己的梦想和目标。如果没有了生命，一切都将变得毫无意义。因此，我们有责任保护好自己的生命安全，让自己有机会去追求梦想、实现价值。

（三）生命保护对社会的重要意义

生命保护是社会稳定的基础。生命的安全与保障是每个个体最基本的需求，也是社会和谐稳定的前提。当社会成员的生命安全得到有效保障时，他们能够更好地参与社会活动，为社会的繁荣发展作出贡献。如果生命安全得不到保障，个体将面临极大的恐慌和不安，社会也将陷入混乱和动荡之中。

生命保护推动社会可持续发展。人是社会发展的核心动力，保护生命就是保护社会生产力。同时，生命保护与公平正义息息相关，保障每个人都享有平等的生命权和健康权，有助于实现社会公平正义，进一步推动社会的和谐稳定。

生命保护体现人文关怀。社会不仅是经济、政治等各个方面的集合体，更是一个充满人文关怀的共同体。保护生命、关爱生命是社会文明进步的重要标志。通过加强生命教育、提高公众的生命安全意识、完善生命保护的法律法规等措施，可以营造出一个尊重生命、关爱生命的社会氛围，让每个人都能够感受到社会的温暖和关怀。

二、生命保护的基本原则

保护生命需要专业的方法、技术甚至专门的设施设备，需要专业人员、专业机构来做专业的事情。然而，对于生命保护的基本原则，每个人都应有所了解，以确保这些基本原则深入人心，成为每个人的共识和行动指南。

（一）预防为主的生命保护原则

预防为主的原则强调在生命保护工作中，应把预防放在首要位置，通过采取各种有效措施，消除或减少可能导致生命危险的因素，从而避免或减少生命损失。这一原则要求我们在日常生活中，注重提高安全意识，加强安全教育和培训，建立健全安全管理制度，确保人们的生命安全得到最大程度的保障。

（二）科学应对、合理避险的原则

科学应对、合理避险的原则是指在面对生命安全威胁时，应依据科学知识和技术手段，制定和实施科学合理的应对措施，同时采取合理的避险方法，降低风险，确保生命安全。这一原则要求我们在面对各种复杂和突发的安全事件时，能够保持冷静、理智和科学的态度，运用专业知识和技术手段，有效地应对和化解危机。

（三）生命至上、保护为先的原则

生命至上、保护为先的原则是指在所有活动中，都应把人的生命安全和身体健康放在首要位置，确保在任何情况下都能够优先保障人们的生命安全。这一原则体现了对生命的尊重和珍视，要求我们在制定政策、实施方案和开展活动时，始终以人的生命安全和身体健康为出发点和落脚点，确保人们的生命安全得到最大程度的保障。

模块二　不同情境下的生命保护方法

有人把不同情境下的生命保护方法编成歌谣，譬如：

遇地震，先躲避，桌子床下找空隙，靠在墙角曲身体，抓住机会逃出去，远离所有建筑物，余震蹲在开阔地。火灾起，怕烟熏，鼻口捂住湿毛巾，身上起火地上滚，不乘电梯往下奔，阳台滑下捆绳索，盲目跳楼会伤身。洪水猛，高处行，土房顶上待不成，睡床桌子扎木筏，大树能拴救命绳，准备食物手电筒，穿暖衣服渡险情。台风来，听预报，加固堤坝通水道。煤气电路检修好，临时建筑整牢靠。船进港口深抛锚，减少出行看信号。下暴雨，泥石流，危险处地是下游，逃离别顺沟底走，横向快爬上山头。野外宿营不选沟，进山一定看气候。阴雨天，生雷电，避雨别在树下站，铁塔线杆要离远，打雷家中也防患，关好门窗切电源，避免雷火屋里窜。暴雪天，人慢跑，背着风向别停脚，身体冻僵无知觉，千万不能用火烤，冰雪搓洗血循环，慢慢温暖才见好。龙卷风，强风暴，一旦袭来进地窖，室内躲避离门窗，电源水源全关掉，室外趴在低洼地，汽车里面不可靠。对疫情，别麻痹，预防传染做仔细，发现患者即隔离，通风消毒餐用具。人受感染早就医，公共场所要少去。化学品，有危险，遗弃物品不要捡，预防烟火燃毒气，报警说明出事点。运输泄漏别围观，人在风头要离远。

一、居家生活安全情境

在日常生活中，人们可能面临居家生活中防火防盗、煤气泄漏、意外触电、食品安全等安全问题，这些问题都可能对人们的生命和财产构成威胁。因此，我们需要保持警惕，采取一系列措施来确保居家生活的安全。

（一）预防为主，居安思危

在居家生活中，我们要做到居安思危，对于可能出现的安全隐患进行定期检查和及时处理，具体有以下几个方面。

防火。定期检查家中的电线、插座和电器设备，确保其没有老化、破损或过载现象。炉灶旁不放置易燃物品，使用炉灶时要保持警惕，避免油火等引起的火灾。在有条件的情况下，安装烟雾报警器和灭火器，并定期检查其工作状态，确保能正常发挥作用。清理家中的易燃物，如纸张、布料等，避免它们成为火灾的燃料。

防煤气泄漏。定期检查煤气管道和煤气设备的安全性，如有发现老化、破损或漏气现象要及时处理。使用煤气时要保持通风良好，避免煤气中毒事故的发生。安装煤气报警器，以便在煤气泄漏时能够及时发现并采取措施。

防触电。确保家中的电器设备接地良好，避免漏电现象的发生。使用电器时要注意用电安全，不乱拉乱接电线，避免过载使用电器。对于儿童，要特别加强安全教育，禁止他们随意触摸电器设备。

食品安全。购买食品时要选择正规渠道，注意查看食品的生产日期和保质期。储存食品时要分类存放，避免交叉污染，同时注意防潮、防霉变。在烹饪过程中要保持清洁卫生，避免食品受到污染。

（二）应急处理，及时求救

在居家生活中，出现以下紧急情况，要沉着冷静，开展自救和初步的处理，保证生命安全。

火灾。一旦居家发现火灾，要迅速拨打火警电话119，并尽可能详细地说明火灾地点、火势大小和燃烧物质，以便消防部门能够迅速准确地采取行动。如果火势较小，可以尝试使用灭火器材进行初期扑救。常见的灭火器材有干粉灭火器、泡沫灭火器等，使用时要按照说明进行操作。如果火灾发生在电器设备附近，首先要切断电源，防止火势蔓延并避免触电。如果火势无法控制，要立即疏散逃生。在逃生过程中，要保持冷静，用湿毛巾捂住口鼻，尽量使身体贴近地面，以减少吸入有毒烟气的危险。同时，要避免乘坐电梯，选择楼梯逃生。在逃生时，要关闭火灾现场的门窗，以延缓火势的蔓延速度。

燃气泄漏。在家中闻到燃气味时，应迅速关闭燃气阀门，并打开门窗通风。切勿使用明火或电器开关，以免引发爆炸。如燃气泄漏无法被阻断，要及时撤离相关场所，并疏散周边人群，到安全的地方进行报警。

触电。若发现触电情况，首要任务是切断电源，根据触电现场的环境和条件，采取最安全、最快捷的方式切断电源或断开电击。如果在家中或开关附近发生电击，快速关闭电源开关并将电源断开是最简单、安全和有效的方法。如果处于野外或远离电源开关的地方，特别是在下雨天，可以使用绝缘材料的物品（如木棍、塑料棍等）分离电线。如果触电者呼吸弱或不规则，甚至呼吸停止，且心跳仍然存在，应立即对其进行口对口人工呼吸，或仰卧胸部按压，俯卧压力背部人工呼吸。在进行现场急救的同时，应立即向当地急救中心呼救，以便专业人员尽快赶到现场进行救治。请注意，在救助触电者时，救助者自身也要确保安全，避免直接用手或其他导电物体接触触电者。

食物中毒。如在家中因食材保存不当或是误食导致身体出现相应症状，一定要及时就医。如出现食物堵塞气管等情况，可用海姆立克急救法，施救者站在患者背后，双手臂环绕其腰部，一手握拳放在剑突与肚脐连线的中点处，另一手覆盖在拳头上，快速向上冲击压迫腹部，反复操作直到异物排出。在急救过程中，患者可以采取一些自救措施，如弯腰或趴下，尝试通过咳嗽将部分食物排出。如无法解决，要及时就医，并在途中持续实施急救措施，确保患者呼吸道通畅，避免窒息。

二、自然灾害情境

自然灾害是指由自然因素引起的，对人类社会和自然环境造成损害的事件。常见的自然灾害包括地震、洪水、台风、干旱、山体滑坡等。这些自然灾害具有突发性、不可预测性和破坏力强的特点。它们可以在短时间内造成大量的人员伤亡和财产损失，严重影响社会稳定和经济发展。

（一）预防为主，科学应对，群防群治

汶川地震之后，经国务院批准，自 2009 年起，每年的 5 月 12 日被设立为我国的国家防灾减灾日。随着人类活动的逐渐兴盛，在多次的经验积累中，人类应对自然灾害的基本策略有预防为主、科学应对和群防群治。

预防为主。在可能发生灾害的地区，建立科学的、有效的预警系统，及时向社会公布灾害信息，以便人们采取应对措施。这包括地震、洪水、台风等各类自然灾害的预警机制，确保公众能够第一时间获取灾害信息，从而做出及时的反应。做好各项防灾准备工作。在雨季来临之前，应开展清淤、防汛、加固工作，及时排放积水，以防止洪水灾害的发生。对于地震等灾害，要加强防震减灾工程的建设，如修筑堤坝、设立防震建筑等。日常生产生活中，注重营造安全的居住环境。在建造房屋时，应根据当地的气候条件和地质情况进行房屋设计，采用抗震、防风、防水等措施，确保居民的安全。同时，加强城市规划和土地利用管理，避免在高风险区域建设房屋，确保基础设施的抗灾能力。

科学应对。根据自然灾害的特点和规律，制定科学的应急预案和救援方案。在灾害

发生时，迅速启动应急响应机制，组织专业队伍开展抢险救援工作。在灾害发生后，要及时做好灾情评估和报告工作，向上级政府和公众报告灾情，提供相关数据和信息支持。同时要组织灾后恢复和重建工作，不仅要做好基础设施、居民住房等方面的重建工作，也要通过心理疏导和援助工作，帮助受灾人员及其家属积极面对灾害，恢复正常生活。

群防群治。广泛动员社会力量参与自然灾害防治工作。加强宣传教育，通过媒体报道、课堂教育、社区宣传等方式，加强公众对自然灾害的认识和应对能力，提高公众的防灾减灾意识和自救互救能力。鼓励社区、企业和个人积极参与灾害防范和应对工作。

（二）保持冷静，科学自救

在遭遇自然灾害时，我们要保持冷静，学会科学自救，为自己争取更多的生存机会，等待救援力量的到来。

保持冷静。面对自然灾害，保持冷静是非常重要的。尽可能保持镇定，观察周边情况，进行紧急避险。同时，要相信政府和专业队伍的救援能力。灾害发生时，要听从政府和有关部门的指挥，按照指定的路线和方式进行疏散和避难。不要盲目行动，以免增加自身和他人的危险。同时要发扬团结互助的精神，帮助身边的人一起应对灾害，共同渡过难关。要尊重救援人员的工作，配合他们开展救援工作。

科学自救。在自然灾害中，要学会科学自救。根据自身情况选择合适的逃生和避险方式。在地震发生时，应迅速到坚固的桌子或柱子旁躲避，保护头部，避免被掉落的物品砸伤。在晃动停止后，应尽快撤离到开阔地带，避开可能倒塌的建筑物。在洪水来临时，应迅速向高处转移，避免涉水。如果被困，应尽快找到漂浮物如木头、泡沫等，帮助自己浮在水面，等待救援。在台风期间，应留在室内，远离窗户和玻璃门，避免被强风吹飞的物品砸伤。

如果身陷险境，要学会积极向外发出求救信号，利用声音和光线传递信息。在开阔地带或没有建筑物遮挡的地方可以大声呼喊，以吸引周围人的注意。在倒塌建筑物或是其他隐蔽情况下，可以利用敲击或者哨声发出规律性的声音，以便救援人员识别。在夜晚或能见度低的情况下，点燃火堆或使用手电筒、荧光棒等发出闪光信号，有助于救援人员发现你的位置。

三、公共安全情境

公共安全情境包含可能威胁到社会和公民正常生产生活的情况。广义的公共安全情境内容包含较多，主要有交通出行、户外出行和社会安全事件等。

（一）增强意识，充分了解

在各类交通、户外和公共场所会发生的安全事件中，很多都是没有提前掌握相关规章制度知识和相应环境情况所导致的。

交通出行。无论是步行、骑行、驾车或是乘坐交通工具，我们都应该遵守交通规则，注意观察路况和信号。确认好人行道、非机动车道、机动车道，骑行时要戴好安全头盔，驾驶国家标准规定的车辆。夜间出行时，骑行者在使用安全头盔的基础上，还要在车辆或自身衣物上装有一定的照明灯光和反光标志。驾车时要系好安全带，不酒驾醉驾、不疲劳驾驶。作为乘客，在交通工具上，要遵守行为规范和规定，不做危害交通安全、影响交通工具正常运行和影响其他乘客的事情，注意个人物品安全。

户外出行。在进行徒步、露营、登山等户外旅行活动前，要了解天气预报和地形地貌，选择开发完全、相关配套设施和管理制度完善的安全目的地，不去未经开发或开发未完全的山区、水域进行野游。在出行前准备适当的装备、补给和外伤处理用品，携带定位设备，结伴而行，并告知他人行程计划。同时，掌握一定野外生存技能，如寻找水源、制作火种等以备不时之需。了解目的地可能出现的野生动物及其行为，采取必要的防范措施。

社会安全。在公共场合可能会遇到一些冲突和意外事件，如抢劫盗窃、拥挤踩踏等。我们要增强个人防范意识，避免前往危险区域；学习基本的自卫技能，如防身术、逃生技巧等。在陌生场所要有意识地关注最近的出口和紧急通道，对个人的人身和财产安全提高警惕。

（二）积极配合，安全第一

如果在公共安全情境中遇到意外事故，首先要保证自身的生命安全，并及时报警，积极配合警方调查。

交通事故。发生事故后，首先要做的是立即停车，确保车辆不再移动，以防止进一步伤害或损失。停车后，应立即开启危险报警闪光灯，以提醒其他车辆注意避让。在夜间或视线不佳的情况下，还应打开示宽灯和尾灯。不要随意挪动事故现场的车辆、人员或物品。同时，应使用绳索或其他材料设置警戒线，防止其他车辆和行人进入事故区域。在确保自身安全的前提下，尽快检查并救助受伤人员。对于受伤严重者，应采取紧急抢救措施，如止血、固定伤处等，并尽快联系医疗急救机构。同时，也要注意保护事故现场的财物，防止丢失或损坏。及时拨打交通事故报警电话（122），向警方报告事故情况，包括时间、地点、伤亡情况等。等待交警到达现场后，配合交警进行事故调查和处理。在交警到达之前，可以用手机拍照或录像，记录事故现场的情况，包括车辆位置、损坏情况、交通标志等。这些信息对于后续的事故处理非常重要。

户外事故。在确保目的地安全、做好出行规划后，如在户外遇到一些情况，要保持冷静，及时寻求帮助。如迷失方向，不要盲目乱走，应寻找高处或开阔地，观察周围环境，确定方向，同时留下醒目标记，及时呼救，方便救援人员找到自己。如意外遇到野生动物，应保持安静，不要靠近或挑衅野生动物，以防激怒它们。如遇到高温、雷雨等突发恶劣天气，应尽快寻找安全地带躲避，避免发生安全事故。如有外伤，要视情况进行处理，并寻求医疗帮助。

社会安全。如在公共场合遇到意外，首要任务是保证生命安全，找到最近的出口和紧急通道离开现场，并拨打相应的急救电话（如110、120、119等），向警方或医疗机构报告事故情况，提供详细的位置和伤亡信息，以便救援人员迅速到达现场。在等待救援的过程中，可以和现场人员进行自救互救，利用现有的资源进行临时救治并安抚受伤人员。

四、公共卫生与健康情境

公共卫生与健康情境涉及突发医疗事件、传染病、环境卫生等问题，关乎人民群众的生命健康和生命质量。

（一）预防为先，健康生活

面对突发医疗事件和传染病流行这样的公共卫生事件，我们要做到预防为先，健康生活，增强免疫力。在日常生活中要养成良好的卫生习惯，定期体检，按计划接种疫苗。了解基本的急救知识和技能也至关重要，掌握心肺复苏术（CPR）、止血技巧以及如何正确使用急救设备等技能，可以在关键时刻挽救生命。

（二）保持冷静，寻求支持

在遭遇突发医疗事件时，正确的应对措施至关重要。首先，应立即向医疗机构或相关部门报告，说明相关人员的位置、情况，确保其及时得到专业的医疗救助。其次，根据具体情况采取相应的急救措施。例如：对于突发的心脏病发作或中风，应立即拨打急救电话，并按照急救人员的指示进行初步救治；对于创伤性伤害，如出血或骨折，应进行止血和固定，以防止伤势恶化。最后，配合医疗人员的工作，遵医嘱进行治疗。在治疗过程中，要与医生保持沟通，信任医生，以便获得更好的治疗效果。

面对传染病这类公共卫生事件，作为公民，我们要密切关注官方发布的疫情信息，了解疾病的传播途径、症状及预防措施。同时，避免恐慌和过度焦虑，保持冷静和理性，以便更好地应对疫情。加强个人防护，严格遵守个人卫生规范，如勤洗手、戴口罩、避免用手触摸口鼻眼等。在公共场所，尽量保持社交距离，减少人员聚集，降低病毒传播风险。此外，保持良好的通风和环境卫生也是减少病毒传播的重要手段。在公共卫生紧急时期，政府通常会采取一系列措施来控制疫情，如限制人员流动、关闭公共场所等，我们要积极配合，遵守相关规定，共同维护社会的稳定和安全。在日常生活中，保持健康的生活方式和饮食习惯也有助于提高身体免疫力，降低感染风险。如果感染疾病，要做好个人防护，及时就医，做自己健康的第一责任人。

模块三 心理健康保护与挫折应对

人生的道路曲折漫长，人的一生中有着成功与失败、顺境与逆境、幸福与不幸。那么，我们在遇到挫折时应如何做好心理健康保护？

一、心理健康保护情境

在心理健康保护情境中，我们关注心理压力、心理创伤和精神疾病等可能对生命安全造成潜在威胁的情况。需要心理保护的常见事件可以分为以下几类。

自然灾害事件。如地震、洪水、台风等自然灾害，这些灾害可能导致人们遭受生命和财产的损失，从而产生心理创伤。

人为灾害或重大事故。比如交通事故、工业事故、火灾等，这些事故带来的人员伤亡和财产损失，会对幸存者和目击者造成心理冲击。

失去与分离。亲人去世、离异、失业等重大生活变化，可能导致个体产生强烈的悲伤、焦虑和无助等负面情绪。

长期压力与困境。长期的经济困难、慢性疾病、工作压力等带来的心理压力可能逐渐累积并对个体的心理健康造成伤害。

暴力事件。包括家庭暴力、校园暴力、社会暴力等，这些事件中的受害者、目击者甚至施暴者本人都可能需要心理支持和保护。

这些事件都可能导致人们产生恐惧、焦虑、抑郁等心理问题，因此需要对当事人进行心理保护和支持。

二、心理保护方法

心理保护可以通过心理咨询、心理治疗、心理干预、社会支持网络建构等方式来实现，以帮助个体恢复心理健康，增强应对困难的能力。

心理咨询是心理保护中常用的一种方式，主要通过与专业的心理咨询师建立信任关系，以非治疗性的方式，帮助个体解决情绪、认知和行为上的问题。咨询师会运用心理学知识和技巧，通过倾听、提问、反馈等方式，帮助来访者认识自己，厘清问题，找到解决问题的方法和途径。心理咨询可以针对各种心理困扰，如压力管理、焦虑、抑郁、人际关系等，帮助个体恢复心理健康，提高生活质量。

心理治疗是一种更为系统和深入的心理保护方法，它通常针对的是更为复杂或严重的心理问题。心理治疗师会与个体建立治疗关系，通过一系列的心理治疗方法，如认知行为疗法、精神分析、人本治疗等，帮助个体深入探索自我，理解问题的根源，并逐步改变不良的思维、情感和行为模式。心理治疗需要一定的时间和耐心，但它可以帮助个体从根本上解决问题，提升心理健康水平。

心理干预是在特定情境下，如灾害、重大事故等紧急情况下，对个体或群体进行及时的心理支持和帮助。心理干预的目标是减轻受灾者的心理创伤，防止心理问题的进一步恶化。心理干预的方式包括心理评估、危机干预、心理教育等。心理评估可以帮助识别出有心理问题的个体，危机干预则可以在紧急情况下提供及时的心理支持和安抚，而心理教育可以普及心理健康知识，提高个体的心理素质和应对能力。

社会支持网络是个体在面对困难时的重要资源，它包括家人、朋友、同事、社区等。

社会支持网络建构是指通过一定的方式，加强个体与社会网络之间的联系，使其在需要时能够得到及时的帮助和支持。这可以通过加强家庭关系、建立互助小组、参与社区活动等方式来实现。一个强大的社会支持网络可以为个体提供情感支持、信息支持和实际帮助，从而减轻心理压力，增强应对困难的能力。

这些心理保护方法不是孤立的，而是可以相互补充和结合的。在实际应用中，要根据个体的具体情况和需求来选择合适的方法进行心理保护。同时，预防也很重要，在日常生活中，通过提高个体的心理素质和应对能力，可以减少心理问题的发生。

三、应对挫折

生活中，除了上文提到的各类事件会影响我们的心理健康，更多时候我们会因为生活中各种挫折而产生负面情绪。所以认识挫折、应对挫折是维护心理健康的必修课。

（一）认识挫折与接受现实

挫折是生活给予我们的一种特殊教育，它让我们在困境中学会坚持，在失败中学会反思。每一次的挫折，都是一次自我挑战和超越的机会。通过挫折，我们能够更加清晰地认识自己，了解自己的优点和不足，进而不断完善自己，实现个人成长。

在人生的道路上，没有人能够一帆风顺，也没有人可以永远避免挫折。然而，正是这些挫折，让我们变得更加坚韧和成熟。它们如同磨刀石，不断磨砺我们的意志和品质，让我们在人生的道路上更加从容和自信。

（二）正视挫折不逃避

面对挫折，我们不能选择逃避，而是应该正视它，勇敢地面对它。逃避只会让我们错失成长的机会，让问题变得更加复杂。只有正视挫折，我们才能找到问题的根源，采取有效的措施去解决它。

正视挫折并不意味着我们要对挫折感到恐惧或沮丧。相反，我们应该以积极的心态去面对它，相信自己有能力克服任何困难。同时，我们也要学会从挫折中吸取经验教训，避免在未来的道路上重蹈覆辙。

（三）积极应对挫折的策略

1. 设定合理目标，制订行动计划

设定合理目标是应对挫折的重要一步。我们应该根据自己的实际情况和能力水平，设定具有挑战性和可行性的目标。这样的目标既不会过于轻松，让我们失去动力，也不会过于困难，让我们感到无望。

同时，制订行动计划也是至关重要的。我们需要明确达成目标的具体步骤和时间节点，确保每一步都有明确的行动计划。这样可以帮助我们更有条理地应对挫折，避免盲目行动或陷入混乱。

2. 寻求支持，建立支持系统

在应对挫折的过程中，我们不应该孤军奋战。寻求他人的支持和帮助，建立自己的支持系统，可以让我们更加从容地面对困难。

我们可以向家人、朋友或同事寻求情感上的支持和理解，他们的鼓励和安慰可以帮助我们缓解压力，增强信心。同时，我们也可以寻求专业人士的建议和指导，以帮助我们更好地应对挫折，找到解决问题的方法。

3. 总结经验教训，不断反思成长

每一次的挫折都是一次宝贵的学习机会。我们需要认真总结经验教训，分析自己在应对挫折过程中的不足和错误，以便在未来的道路上更好地应对挑战。

反思成长是应对挫折的重要一环。我们需要不断地反思自己的行为和决策，思考如何改进自己的方法和策略，以便更好地应对未来的挫折。通过反思和成长，我们可以不断提升自己的能力和素质，实现个人成长和进步。

┣━━ 第三单元 ━━┫

追求健康长寿的生命

单元目标 ∨

◇ 建立全面的健康观。
◇ 认识生命的有限，珍惜生命。
◇ 保持积极的心态，热爱生命。

认知提示 ∨

◇ 正确认识生命之有限和死亡之必然。我们只有认识生命、正视死亡，才能以一种轻松积极的心态投入生活之中，才能在有限的生命内去追求无限的超越。了解生老病死的历程，感悟死的意义、悲壮，从而诠释生的伟大、神奇，进而培养人的悲悯情怀和热爱生命的意识。人要树立超越死亡的意识，认认真真地活好每一天，做好每一件事情，以丰富的人生意义消除对死亡的恐惧。

思考与实践 ∨

◇ 阅读沈从文的散文《生命》。
◇ 人生短暂，爱的时间有限，我们应该怎么做才能好好珍惜和把握当下？
◇ 史铁生的抒情散文《我与地坛》共7节，篇幅较长且充满哲思，以7人为一个小组，每人诵读1节，然后交流读后感并讨论作者如此结尾的用意何在。

　　"我说不好我想不想回去。我说不好是想还是不想，还是无所谓。我说不好我是像那个孩子，还是像那个老人，还是像一个热恋中的情人。很可能是这样：我同时是他们三个。我来的时候是个孩子，他有那么多孩子气的念头所以才哭着喊着闹着要来，他一来一见到这个世界便立刻成了不要命的情人，而对一个情人来说，不管多么漫长的时光也是稍纵即逝，那时他便明白，每一步每一步，其实一步步都是走在回去的路上。当牵牛花初开的时节，葬礼的号角就已吹响。

　　但是太阳，它每时每刻都是夕阳也都是旭日。当它熄灭着走下山去收尽苍凉残照之际，正是它在另一面燃烧着爬上山巅布散烈烈朝晖之时。那一天，我也将沉静着走

31

下山去，扶着我的拐杖。有一天，在某一处山洼里，势必会跑上来一个欢蹦的孩子，抱着他的玩具。

当然，那不是我。

但是，那不是我吗？

宇宙以其不息的欲望将一个歌舞炼为永恒。这欲望有怎样一个人间的姓名，大可忽略不计。"

活动设计 ∨

◇ 我们的潜意识里藏着一派田园诗般的风光，我们仿佛身处一次横贯大陆的漫漫旅程之中。乘着火车，我们领略着窗外流动的景色：附近高速公路上奔驰的汽车、十字路口处招手的孩童、远山上吃草的牛群、一片片玉米和小麦、平原与山谷、群山与绵延的丘陵、天空映衬下城市的轮廓，以及乡间的庄园宅第。然而我们心里想得最多的却是最终的目的地，"当我们到站的时候，一切就都好了"。我们呼喊着"等我18岁的时候""等我有了一辆新车的时候""等我供最小的孩子念完大学的时候""等我偿清贷款的时候""等我升迁的时候""等我退休的时候"，就可以从此过上幸福的生活啦。可是我们终究会认识到人生的旅途中并没有车站，也没有能够"一劳永逸"的地方。生活的真正乐趣在于旅行的过程，而车站始终遥遥领先于我们。所以生活得一边过一边体验，别老惦记着离车站还有多远，何不换一种活法，多去爬爬山，多看看日出东山、夕阳西下，多点欢笑，少点泪水。

进行一场以"生命是一场旅程"为主题的即兴演讲。

有什么比"死"更让人留恋"生"呢？又有什么比"死"更让人珍惜"生"呢？面对"死亡"这个人类难以摆脱的宿命，"向死而生""以死观生"成为历代热爱生命的人们的理智选择。法国作家米歇尔·德·蒙田（Michel de Montaigne）说："谁教会人死亡，就是教会人生活。"我们只有认识死亡、正视死亡，才能以一种轻松的、积极的心态投入生活之中，才能在有限的生命内去追求无限的超越。

模块一　健康长寿的探寻与追求

健康长寿是个人的需要，也是国家和民族的需要。对个人来说，健康是构筑一切的根基，失去健康，所有成就与梦想都会变得虚无；对国家而言，公民的健康是社会生产力的核心，也是国家可持续发展的关键。长寿自古以来就是人们的共同愿望，但长寿必须以健康为基础，没有健康，长寿便无从谈起。

一、认识健康长寿

长寿不等于健康，健康也不等于长寿。身体健康只是代表目前的身体状态，但是如果想要延续身体的健康，就一定要了解长寿的秘密，了解健康跟长寿之间的不同。健康代表的是生存的质量，而长寿则代表了生命的长度。想要长寿就一定要放松心情，愉快的心情是长寿的基础。如果每天都烦躁不安、情绪焦躁，这不仅会影响生活质量，而且长期生活在这种心理状态下，身体的免疫功能也会下降，从而影响身体健康。

（一）健康是生命之基

健康不能代替一切，但是没有健康就没有一切。要创造幸福人生、享受生活乐趣，就必须珍惜健康，学会健康生活，让健康成为幸福人生的源泉。

1. 生命健康概念演变的 3 个阶段

第一阶段（1948 年以前）。那时候大家比较认可的健康的定义主要是"个体无病，即健康"；这一定义仅关注生物医学层面，忽视了心理和社会因素的重要性。

第二阶段（1949—2010 年）。世界卫生组织（World Health Organization，WHO）将健康定义为一个人身体没有出现疾病或虚弱现象，同时一个人生理上、心理上和社会上是完好状态。这一定义不仅考虑了生理健康，也考虑了心理健康和社会福祉，鼓励对健康更全面的关注。

第三阶段（2011 年以来）。2011 年荷兰健康学者马特尔德·休伯（Machteld Huber）提出，健康应当是个体在面对社会、躯体和情感挑战时的适应和自我管理能力。这个观点强调了个体在持续变化的环境中保持健康的能力，体现了动态的健康观。

我们对于生命健康的认识经历了从点性思维到线性思维再到平面思维的演变。如此来看，每个个体都是自己生命健康的第一责任人，而个体在当下的生活方式及其自身的素养水平，将直接决定其生命健康的品质。

2. 现代健康的挑战

现代生活中，我们所面临的健康挑战是多方面的。随着生活节奏变快，很多人养成了一些不健康的生活习惯。比如日常生活中偏好高热量、高脂肪、高糖分的餐食和加工食品，忽视新鲜蔬菜和水果的摄入，不健康的饮食习惯容易导致肥胖、营养不良和慢性疾病。再如经常熬夜导致睡眠不足或睡眠质量下降，长期不规律的作息会打乱人体的生物钟，影响内分泌和免疫系统的正常运作。很多人还喜欢"宅"，缺乏足够的体育活动，加剧了健康问题。心血管疾病、糖尿病等慢性病已经不再是老年人的"专利"，越来越多的年轻人也开始受到这些疾病的困扰。

社交网络的普及虽然为人们提供了更为便捷的沟通方式，但也带来了一些负面影响。现代人几乎离不开手机和其他电子设备，但长时间盯着屏幕会对眼睛造成损害，导致视力下降、干眼症等问题。此外，过度使用电子设备还可能影响睡眠质量。如果沉迷于虚拟世界，缺乏社交，可能导致孤独感和其他心理问题。

（二）长寿与生命质量

1.影响长寿的因素

任何生物体都有出生→长大→成熟→衰老→死亡的过程，各种生物寿命不同，有长有短，人也不例外。据科学推算，人类自然寿命应是112～160岁，平均120岁。但一般人很难活到这个年龄。为什么呢？

长寿受多种因素影响，包括遗传、环境因素、生活方式等。遗传因素决定了我们的生物基础和潜在寿命，但环境因素和生活方式同样重要。例如，均衡的饮食、适度的运动、良好的睡眠习惯以及避免有害行为（如吸烟和过量饮酒）都可以延长寿命。此外，积极的心态、强大的社交网络和健康的心理也是影响长寿的重要因素。

2.科技的进步对长寿的影响

科技的进步为长寿提供了新的可能性。随着医疗技术的不断革新，许多曾经致命的疾病现在有了更为有效的治疗方法，从而显著延长了人们的寿命。此外，先进的健康监测设备和智能家居技术使人们能更便捷地监测和管理个人健康，及时发现潜在的健康问题。科技不仅帮助我们活得更久，还让我们活得更好。例如，远程医疗技术使得患者能在家接受专业医疗咨询，虚拟现实技术则用于康复训练，提高了医疗的便利性。总之，科技的进步正在为长寿之路铺设坚实的基石。

3.生命质量

长寿是许多人的追求，但在长寿的同时应当维持高质量的生活。以一位热爱画画的老人为例，虽然他年岁已高，但由于长期坚持锻炼和合理饮食，他的身体依然硬朗，能够稳稳地握住画笔。他心态乐观，面对画作的失败从不气馁，总是积极寻找提升的空间。同时，他与一群同样热爱艺术的朋友保持紧密的联系，经常交流心得，共同进步。每当他完成一幅满意的作品，那种由内而外的成就感会让他觉得自己的生命焕发出了别样的光彩。这正是生命质量的真实写照：不仅在身体上保持健康，更追求心灵上的满足。

（三）全面健康的追求

1.身心健康并重

在追求全面健康的过程中，我们不仅要关注身体的健康，确保身体各项机能正常运作，预防和治疗疾病，还要注重心理的健康。这包括保持积极乐观的心态，学会管理情绪和压力，以及培养良好的自我认知和自我调节能力。身心健康并重是追求全面健康的基础。

2.平衡的生活方式

追求全面健康需要建立平衡的生活方式。这包括合理的饮食习惯，适度的运动锻炼，以及充足的休息和睡眠。保持良好的生活习惯，可以促进身体的新陈代谢，增强免疫力，提高身体的耐力和灵活性，从而更好地应对日常生活的挑战。

3.和谐的社会与环境关系

建立和谐的人际关系，与家人、朋友和同事保持良好的沟通和互动，可以增强我们的社会支持网络，提高生活满意度和幸福感。同时，也要关注与环境的和谐共生，积极参与环保活动，减少对环境的污染和破坏，为子孙后代留下一个健康、可持续的生态环境。

全面健康观是一种全面的、多维度的健康理念，它强调了健康的全面性，包括生理健康、心理健康、人际和谐以及环境友好等多个方面。只有从多个角度出发，才能真正做到全面健康。对全面健康的追求是实现健康长寿的关键。

二、培养积极心态

在追求全面健康的道路上，培养积极心态是不可忽视的一环。积极的心态不仅有助于我们更好地应对日常生活中的压力和挑战，还能显著提升生活质量和幸福感。

（一）正视挑战与压力管理

1.积极应对挑战

挑战是成长的机会，积极面对挑战能够提升个人的适应能力和抗压能力。我们首先要勇于面对，将每一次的困难视为成长的机会。比如，一个职场新人在面对一个复杂的项目时，可能会感到手足无措。然而，通过深入研究、积极请教前辈，他不仅能够完成项目，还能在过程中学到许多宝贵的经验。这就是勇于面对挑战带来的收获。

2.有效压力管理

在面对压力时，可以采用各种放松技巧，如深呼吸、冥想等，来缓解自己的压力。同时，合理安排时间，确保足够的休息也是缓解压力的关键。例如，一位经常加班的职场人士，在意识到工作压力过大后，开始尝试每天抽出时间进行冥想，并调整工作时间，确保每晚有足够的睡眠。这些调整让他的工作状态得到了显著提升。

3.持续自我激励

在面对挑战和压力时，持续的自我激励和良好的心理调适能力尤为重要。要学会自我激励，不断给自己设定小目标，并在达到后给予自己适当的奖励，这样可以持续激发我们的积极性和动力。

通过这些方法，我们可以更加从容地面对生活中的挑战和压力，不仅提升自我管理能力，还能增强整体的生活满意度和幸福感。

（二）培养积极心态与情绪调节

1.培养积极心态

保持乐观，相信自己有能力克服困难，这种积极的心态会让我们在面对挑战时更加从容。同时，设定合理的目标，并逐步去实现目标，也能帮助我们建立自信，减轻压力。比如，一位跑步爱好者在准备马拉松比赛时，并没有急于求成，而是设定了一系列的短期目标，在身体条件允许的情况下，每周增加跑步距离，每月提高跑步速度。通过逐步实现这些目标，他不仅成功完成了马拉松比赛，还收获了满满的成就感。

2.情绪认知与表达

提高情绪认知能力和学会健康表达情绪，对于情绪调节至关重要。例如，当一个人感到沮丧或愤怒时，如果能够首先觉察到这些情绪的存在，他可能会选择以健康的方式表达自己的情绪，如向朋友倾诉、进行体育锻炼等，而不是将情绪压抑在心中或以破坏性的方式发泄出来。以健康的方式表达情绪不仅有助于个人的情绪稳定，也有助于与他人的和谐相处。

（三）珍惜当下与感恩生活

1. 珍视此刻的经历

时间的流逝是不可逆的，每一个瞬间都是独一无二的。我们应当学会在忙碌和纷扰中停下脚步，感受和体会当下的美好。比如，在闲暇的午后，静静地享受一杯咖啡的香醇，感受阳光的温暖，而不总是急匆匆地赶往下一个目的地。

2. 感恩身边的人与事

对于生活中的每一个小确幸，无论是家人的关爱、朋友的陪伴，还是陌生人的善意，都应心怀感激。这些人和事构成了生活的温暖底色，让我们感受到世间的美好。比如，在遇到困难时，有朋友的倾听和支持，这就是一种难得的幸福。

3. 积极传递正能量

将珍惜和感恩的态度转化为实际行动，通过自己的言行影响和感染周围的人。无论是微笑面对生活中的挑战，还是在他人需要帮助时伸出援手，我们都能以自己的方式传递正能量，让更多的人感受到生活的美好和希望。比如，参与志愿服务活动，帮助那些需要帮助的人，这不仅能让我们感受到助人的喜悦，也能让受助者感受到社会的温暖和关怀。

三、践行健康生活方式

树立文明卫生意识，养成自律健康的生活方式，强化生态环保意识，践行简约绿色低碳生活，提升全社会文明健康水平，是践行文明、健康、绿色、环保生活方式的具体方式。

（一）制订与执行健康计划

1. 科学饮食

在日常饮食中，应注重营养均衡，摄入足够的蛋白质、碳水化合物、脂肪以及各种维生素和矿物质。多吃新鲜蔬果、全谷物和富含蛋白质的食物，如鱼肉、禽肉、豆类等，避免过多摄入高糖、高脂肪和加工食品。科学的饮食不仅能帮助我们保持健康的体魄，还能提高记忆力和专注力，为学业打下坚实的基础。

2. 规律作息

大学生学习任务繁重，因此更需要注重规律作息，合理安排学习和休息时间。建议每天保持7～8小时的充足睡眠，确保身体和大脑得到充分的休息。同时，要合理安排学习时间，避免长时间连续学习导致过度疲劳。在学习间隙，可以进行适当的放松活动，如听音乐、到户外运动等，以缓解身体的疲劳并舒缓紧张情绪。保持良好的作息习惯有助于提高学习效率，保持身心健康。

3. 坚持运动

坚持适量的运动不仅可以增强体质，还能缓解学习压力，调节心情。建议每周进行至少150分钟的中等强度运动，如快走、跑步、游泳等有氧运动，以及力量训练等无氧运动。运动可以促进新陈代谢，增强心肺功能，提高身体素质。同时，运动还能释放压力，使人保持心情愉悦，更好地面对学习和生活的挑战。

（二）建立健康社交网络

支持性强的社交网络不仅可以提供情感上的支持，还有助于培养健康的生活习惯。

1. 积极的社交互动

可以选择与积极、健康的人交往，你会在无形中受到他们良好生活习惯的影响。例如，如果你有一群热爱运动的朋友，他们经常参与各种体育活动，那么你很可能会被他们的热情所感染，进而加入运动的行列。这种积极的社交互动不仅可以提升运动动力，还能增加运动频率，从而促进身体的健康。

2. 共享健康目标

加入某个社团或小组，如轮滑社、篮球社或健康饮食小组，与一群志同道合的人一起努力，共同追求健康的生活方式。在这些小组中，大家可以分享彼此的经验，交流健康知识，互相鼓励和支持，以达成各自和共同的健康目标。这种共享不仅让我们更容易坚持健康行为，还为我们提供了一个充满正能量的社交环境。

3. 提供与寻求支持

在面对健康挑战时，向社交网络中的成员寻求支持，并在他人需要时提供帮助，这可以增强社交网络的凝聚力，并提高整体的幸福感。

（三）追求有意义的生活

1. 明确价值观与目标

设定清晰的人生方向是追求有意义生活的基础。假设你对科技创新和人工智能非常感兴趣，你可以将未来的职业目标设定为成为一名优秀的人工智能工程师。在学习期间，可以积极参与与人工智能相关的课程、项目和实践，不断提升自己的技术水平和能力。这样，你的学习和努力都将围绕这个明确的目标展开，从而使生活更加充实和有意义。

2. 培养积极心态与良好习惯

以积极的心态面对繁重的学业压力和日常生活的挑战。遇到困难和挫折时，告诉自己这是成长的机会，并从中汲取经验和教训。同时，养成定期总结学习经验、合理规划时间以及坚持锻炼身体的好习惯。积极的心态和良好的习惯不仅会让你更加自信、坚韧，还会让你更加从容不迫地面对未来的挑战。

3. 投身于有意义的活动与关系

参与一些有意义的活动，如志愿服务、社团活动、艺术创作、旅行等。这些活动不仅能丰富生活体验，还能结识一些新的朋友，让人感受到与他人共同努力实现目标的满足感。

中国的长寿村

中国有很多长寿村，这些长寿村的居民普遍长寿，想知道这些地方有什么秘密吗？下面带你去看看中国的五个长寿村。

1. 广西巴马

巴马瑶族自治县位于广西壮族自治区北部，巴马有大面积的丘陵和山脉，空气清新，被许多人誉为天然氧吧。这里居民的日常饮食中卡路里、脂肪和盐含量低，但纤维和维生素含量高。

2. 新疆和田拉吉苏村

拉吉苏村位于新疆和田。和田地区有充足的地表水供应，绿洲型环境非常适合人们居住，昆仑山上融化的积雪灌溉出大片优质的农田。此外，由于树木繁茂，和田也被誉为"森林公园"，空气清新宜人，负离子含量较高。专家指出，水是人们长寿的主要因素。经检测，和田地区的水含有大量微量元素，例如镁、锰、铁和钙。这些元素对人体健康有益，尤其是锰，具有抗衰老和延长寿命的作用。

3. 湖北钟祥娘娘寨

钟祥位于湖北省，这里有许多古老传说和名胜古迹，例如黄仙洞和娘娘寨。生活在这里的人们因为新鲜的空气、简单的生活方式和健康的饮食而健康长寿。

4. 广东金林水乡

金林水乡位于广东肇庆市德庆官圩镇。宜人的气候、清新的空气以及简单的生活习惯使其成为一个著名的长寿村。这里的水资源中含有大量有益健康的微量元素。

5. 广东世外桃源

世外桃源坐落在肇庆怀集县桥头镇，这是一个远离尘世喧嚣的避风港，自西晋六年建立以来，已有1700多年的历史。它的名字来自晋代诗人陶渊明的《桃花源记》。这里的村民需要带着火把穿过400多米高的天然山洞才能走到外面，他们以这种方式生活了一千多年。这里的居民仍然保留着自己古老的语言和习俗。村民们平时喜欢研究延长寿命的方法，与长寿有关的景点众多且保存完好，有"神石""万寿桥"和"万寿之井"等。

模块二 有限生命与无限可能

生命，这一神秘而又伟大的存在，既坚强又脆弱，既长久又短暂。在浩瀚的宇宙中，生命如同一颗璀璨的流星，划过一道耀眼的光芒，转瞬即逝，留下的却是无尽的思考和追忆。我们每个人都是宇宙中的一名过客，我们的生命时间有限，因此更应该去深刻感知生命的珍贵，去珍视每一个转瞬即逝的瞬间。

一、感知生命的有限与珍贵

生命的价值不能通过生命的长短、地位的高低、金钱的多少来衡量。人生要有价值，必须珍惜生命。一个人的生命不仅属于自己，还属于社会；仅仅珍惜自己的人未必都能珍惜生命，只有同时珍惜社会的人才能真正珍惜生命。

（一）生命的短暂与宝贵

1.生命的短暂

每个人的生命只有一次，而且这段生命旅程的长度是有限的。大学生正处于青春年华，这是人生中精力最旺盛、学习能力最强的阶段，但这一阶段也是转瞬即逝的。因此，必须充分认识到生命的有限性，珍惜在校的每一天，努力学习，提升自己，为未来的职业生涯打好基础。

2.生命的不可逆性

生命不仅短暂，而且是不可逆的。一旦失去，就再也无法找回。这种不可逆性使生命更加珍贵。我们应该意识到，每一刻的经历，每一次的喜怒哀乐，都是独一无二、不可复制的。每一天都是宝贵的，每一次学习的机会都是难得的。因此，我们需要珍惜每一次学习的机会，抓住每一个提升自己的可能。

3.生命的独特性

每个人的生命都是独一无二的，这种独特性使得生命更加值得珍惜。作为未来的栋梁之材，大学生的生命不仅关乎自己，还关乎整个社会的发展和进步。因此，大学生需要认识到自己生命的独特性，珍惜自己的生命，同时也要尊重和珍惜他人的生命。

（二）珍惜时间

时间无声无息地流逝着，不带任何感情色彩。然而，正是这种看似无情的流逝，让我们更加深刻地意识到生命的有限和宝贵。我们无法阻止时间的脚步，但我们可以选择如何度过这些时间。

1.把握时间，高效学习

时间如流水般匆匆而逝，珍惜并有效利用每一分钟至关重要。在学业繁重、技能学习多样的大学阶段，学生应该学会合理规划时间，提高学习效率。例如，学生小玲，她每天都会制订详细的学习计划，并按计划执行，不浪费一分一秒。通过高效学习，她不仅在专业课上取得了优异的成绩，还有时间参加各种社团活动，丰富自己的校园生活。

2.珍惜时光，丰富自我

大学生正处于人生的黄金时期，这段时间是积累知识、提升能力、塑造人格的关键时期。因此，珍惜这段时光，不断丰富自我显得尤为重要。例如，学生小刚，他深知时间的宝贵，除了专业学习之外，还利用课余时间阅读各类书籍，拓宽自己的知识面。同时，他还参加了各种社会实践活动，锻炼了自己的沟通能力和团队协作能力。通过珍惜和利用好每一天，他成了一个全面发展、综合素质高的优秀学生。

3. 把握现在，规划未来

时间的流逝意味着未来的到来，珍惜现在，为未来的职业生涯做好规划。例如，学生小芳，她对自己的未来有着清晰的规划，知道自己想要成为一名优秀的职业人士。因此，她非常珍惜在校的每一刻，努力学习专业知识，同时积极参加各种职业培训和实践活动，为未来的职业发展打下坚实的基础。她的行动告诉我们，珍惜时间，把握现在，才能更好地规划自己的未来，实现自己的目标。

学会珍惜并合理利用时间，是每个人都应该追求的目标。当我们把时间浪费在无谓的争吵、抱怨和懒散上时，生命也在无形中流逝。相反，如果我们能够把时间用在提升自己、关爱他人和追求梦想上，那么我们的生命就会变得更加充实和有意义。

（三）对生命终点的思考

1. 正视生命终点

生命如同一条细长的河流，源头是诞生，而终点则是不可避免的死亡。当我们正视这一终点，便会深刻感悟到生命的有限。这种认识能促使我们更加珍惜现在，珍惜生活中的每一个瞬间。大学生正处于青春年华，充满活力和梦想，但正视生命的终点会让大学生更加珍惜生命，更加专注地投入到学习和成长中，不错过每一个可以提升自我、丰富人生的机会。

2. 思考生命终点

对生命终点的思考，不仅仅是要面对死亡，更是要探寻生命的意义。学生群体作为未来的栋梁，每一个选择和努力都关乎个人和社会的进步。当我们深入思考生命的终点，就会更加清晰地认识到自己想要的是什么，希望拥有怎样的人生。这种思考能够激发内在动力，让我们以更加坚定的步伐走向未来，让自己的人生更有意义。

二、发掘有限生命中的无限可能

对生命终点的思考实际上是一种对生活的觉醒，它让我们明白，生命虽然有限，但在这有限的时间里，我们却拥有无限的创造力和可能性。

（一）发掘内在潜能

1. 发掘个人兴趣

每个人都有自己独特的兴趣，而这些兴趣背后往往隐藏着巨大的潜能。对于大学生而言，发掘自己的兴趣并不仅仅是找到一种消遣方式，更是拓展技能领域、丰富人生体验的重要途径。当我们深入探索自己的兴趣，比如音乐、绘画、编程或是其他任何领域，可能会发现这些兴趣能够转化为实用的技能，甚至成为未来职业发展的方向。通过不断尝试和学习，我们能够在这些领域中获得成就感，进而激发更大的学习热情和创新精神。

2. 挑战自我极限

人的潜力是无限的，但只有当我们敢于挑战自己的极限时，才能真正实现自我突破。作为大学生，我们正处于人生的黄金时期，拥有旺盛的精力和强烈的好奇心。通过设定具有挑战性的目标，比如参加高强度的体育训练、攻克复杂的技术难题或是完成一项创新性的研究项目，我们可以锻炼自己的意志力、提升解决问题的能力，并在挑战中发现自己的潜力和价值。这种不断挑战自我的精神，将成为我们未来面对困难和挑战时的宝贵财富。

3. 跨领域学习

在发掘生命中的可能性时，不要局限于自己的专业领域。跨领域学习可以帮助我们拓宽知识视野，激发创新思维。大学生可以利用课余时间学习其他专业的课程，参加跨学科的研讨会或工作坊，与不同背景的人进行交流，从而拓宽自己的认知边界。

（二）勇敢追寻梦想

1. 认清目标

勇敢追寻梦想的第一步是觉醒，即意识到自己内心深处真正渴望的是什么。在繁杂的生活中，我们常常被外界的声音和期望所影响，而忽视了自己真正的梦想。梦想的觉醒意味着我们开始聆听内心的声音，认清自己的兴趣和目标，这是勇敢追寻梦想的起点。

2. 坚定梦想

我们要坚定自己的梦想，并将其作为前行的动力。无畏前行并非盲目冒进，而是在面对困难和挑战时，依然能够保持对梦想的执着和信心。这种坚定不仅能够帮助我们克服追梦路上的种种障碍，还能让我们在遭遇挫折时迅速恢复，继续前进。

3. 不懈努力

在认清目标并坚定梦想后，最重要的就是通过持续努力和不懈奋斗来实现梦想。这包括制订明确的计划、付诸有效的行动，并在必要时调整策略以适应变化。勇敢追寻梦想的过程往往充满了艰辛，只有通过实际行动，我们才能逐渐接近并最终实现梦想。这一过程不仅是对个人能力的挑战和提升，更是对生命意义的探索和实现。

（三）积极投身社会

1. 热心公益活动

积极投身社会的表现之一就是参与各种社会公益活动。无论是捐款捐物给有需要的人群，还是参加志愿服务活动，都是对社会的实质性贡献。通过这些活动，我们不仅能够帮助到他人，还能够培养自己的社会责任感和同理心。

2. 关注社会问题

作为社会的一员，我们应该积极关注社会问题，为不公之事和不正之风勇敢发声。通过社交媒体、公益活动或相关组织，我们可以为弱势群体争取权益，推动社会公平正义。这种积极的参与和倡导，不仅能够提升我们的社会意识，还能够促进社会的整体进步。

3. 提升自身能力

为了更好地投身社会，我们还需要不断提升自身的能力。这包括专业技能、沟通能力、团队协作能力等多个方面。通过不断学习和实践，我们可以成为更加优秀的人才，为社会创造更多的价值。同时，这种自我提升的过程也是实现个人价值并创造更大社会价值的重要途径。

三、构建积极向上的生活哲学

生活中，我们时常面临各种挑战与困境，如何以积极向上的态度去面对它们，成为我们追求高质量生活的关键。构建积极向上的生活哲学，不仅能帮助我们更好地应对生活中的起伏波折，更能激发我们内在的潜能，引领我们走向更加充实、更有意义的人生旅程。通过养成乐观的心态、设定明确的目标，以及培养健康的生活习惯，我们能够在快节奏、高压力的现代社会中，找到属于自己的平衡点，活出真实、精彩的自我。

（一）寻求生活中的意义

1. 自我认知与探索

要寻求生活中的意义，需要从深入了解自己开始，包括认清自己的兴趣、价值观、优点和缺点等。通过反思和自我评估，我们可以更好地理解自己是谁，以及自己在生活中真正追求的是什么，这是寻找生活意义的基石。

2. 设定目标与追求

在了解自己之后，下一步是设定明确的目标。这些目标应该与我们的价值观和兴趣相一致，能够激发我们的激情和动力。目标的设定不仅给了我们方向，还让我们在完成目标的过程中体验到成就感和满足感，从而感受到生活的意义。

3. 自我超越与贡献社会

当我们有了清晰的自我认知和目标后，就可以通过实际行动去实现这些目标，甚至超越自我。这不仅仅是为了个人的成就，更是为了对他人和社会作出贡献。通过将自己的经验和能力分享给他人，或者通过创新等方式推动社会进步，我们能够体验到更深层次的生活意义。这种自我超越和贡献社会的过程，也是寻求生活意义的最高境界。

（二）锤炼适应性与心理韧性

1. 建立积极应对机制

为了锤炼适应性与心理韧性，我们需要建立积极的应对机制。在面对压力和逆境时，学会用积极的心态看待问题，主动寻找解决问题的方法，而不是被动地接受或逃避。这种积极的应对机制能够帮助我们更好地适应环境变化，让我们为后续的挑战做好准备。

2. 培养情绪管理能力

在建立了积极应对机制的基础上，我们需要进一步培养情绪管理能力。情绪管理意味着要学会调整自己的情绪。通过调整自己的情绪状态，保持冷静和理智，我们能够更好地应对各种挑战和压力，同时增强自己的心理韧性。

3. 不断自我挑战与成长

为了持续提升适应性和心理韧性，我们需要不断自我挑战与成长。这意味着我们要勇于接受新的任务和挑战，敢于走出自己的舒适区。通过不断地挑战自己，我们能够发现自己的潜力，增强自信心和抗压能力。同时，这种自我挑战的过程也是锤炼心理韧性的重要途径，让我们在面对未来的困难和挑战时更加从容和坚定。

（三）与他人共享生命价值与喜悦

1. 建立真诚连接与共享

要与他人共享生命的价值与喜悦，我们需要建立真诚的人际关系。这意味着要主动理解他人，倾听他们的故事，分享彼此的生活经验和感受。通过真诚的交流，我们能够打破彼此之间的隔阂，建立起深厚的情感连接，从而为共享生命的价值与喜悦打下基础。

2. 互相支持与共同成长

在建立了真诚连接的基础上，我们要进一步互相支持和共同成长。当他人面临困难或挑战时，我们要给予坚定的支持和鼓励。当他人取得成就时，我们要与其分享喜悦和骄傲。通过互相支持和共同成长，我们能够更深入地共享生命的价值，体验到更深层次的喜悦。

3. 共同创造与贡献社会价值

与他人共享生命价值与喜悦的最高境界是共同创造和贡献社会价值。这意味着我们要将个人的成长和喜悦转化为对社会的贡献。通过与他人合作，共同投身于有意义的事业，我们能够为社会带来积极的影响，实现个人价值的最大化。这种共同创造和贡献社会价值的过程，不仅让我们体验到更深层次的喜悦和成就感，也让我们的生命变得更加丰富和有意义。

 知识拓展

活出自己的精彩

《庄子·知北游》中说："人生天地之间，若白驹之过隙，忽然而已。"其意思是，人生在天地之间，就像小白马在细小的缝隙前跑过一样，不过一瞬间罢了。

诚然，人这一生，几十载而已。虽不长，却也不算短；虽意外不断，却也不是毫无希望。你要怎么度过呢？你要演绎怎样的人生呢？

孔子，开馆授徒，弟子三千，被尊万世师表；杏坛讲经，仁和治世，成为思想统帅。

越王勾践，甘为犬马，卧薪尝胆，挥戈一击，雪耻复国。

李时珍，躬行求真，悬壶济世，拯生灵于疾痛之中。

仁与和，道与义，卧薪尝胆与悬壶济世，就是他们心中那片喧腾的海：活出自己的精彩!

毛泽东，"问苍茫大地，谁主沉浮"，可谓千古一问，响遏行云；"恰同学少年，风华正茂；书生意气，挥斥方遒。指点江山，激扬文字，粪土当年万户侯。曾记否，到中流击水，浪遏飞舟"，这一回答掷地有声。

周恩来，"为中华之崛起而读书"，犹如一声春雷，震动寰宇。

知识给他们增添了无穷的力量，青春的脚步促使他们绝不彷徨，他们燎原的思想给中华民族前进的历史盖上了红红的印章。

历史的使命，就是毛泽东、周恩来心中那片喧腾的海：活出自己的精彩!

霍金坐在轮椅上仰望宇宙，思维穿越时空，与爱因斯坦齐名。

袁隆平，出入于风雨中，行走在田地间，硕果泽被全人类，是公认的"杂交水稻之父"。

他们的人生书册上闪耀着成功的光环，他们活出了自己的精彩。

模块三 对病痛与死亡的思考

在追求健康长寿的过程中，病痛与死亡似乎是我们不愿提及却又无法回避的话题。病痛是生命的考验，它让我们在痛苦中感受生命的脆弱；而死亡则是生命的终点，它提醒我们珍惜每一个活着的瞬间。作为大学生，我们需要正视病痛与死亡，学会面对生命的无常，珍惜生命，热爱生活。让我们在青春的道路上，以更加成熟和深邃的视角，探寻病痛与死亡背后的哲理，为生命赋予更加深刻的价值。

一、对病痛的认识与思考

（一）对病痛的认识

1. 病痛的生理本质

病痛，首先是身体的警告信号。当我们身体的某个部位或系统出现异常时，病痛往往会作为最直接的表现形式出现。它可能是某个器官功能减退的信号，也可能是感染、炎症或损伤的体现。病痛不仅会引起身体上的不适和疼痛，还可能影响我们的日常生活和工作效率。因此，我们需要认真对待病痛，及时寻求医疗帮助，以确保身体的健康。

2. 病痛的心理影响

面对病痛，我们可能会有焦虑、恐惧、抑郁等负面情绪。这些情绪不仅会加重我们的痛苦，还可能影响我们的学习和生活。同时，长期处于病痛中还可能带来心理压力，让人担心病情恶化、治疗费用等问题。因此，大学生需要学会调整自己的心态，积极面对病痛。可以通过寻求心理支持、进行情绪管理等方式减轻病痛带来的心理压力，保持积极的心态和情绪状态。

3. 病痛的社会影响

病痛不仅是个人的问题，它还会对家庭和社会产生影响。病痛可能会给家人带来担忧和负担。为了照顾病人，家人可能需要付出更多的时间和精力，甚至需要承担额外的经济压力。这些负担可能会影响家庭的关系和氛围。病痛也需要得到社会的支持和帮助。在大学校园中，我们可以通过参加健康讲座、寻求医疗援助等方式来获取更多的医疗资源。此外，我们还可以积极参与公益活动，分享自己的病痛经历，帮助他人了解应对病痛的策略，共同推动社会对于健康问题的关注。

（二）病痛带来的启示与成长

1. 生命的脆弱与珍贵

病痛常常以一种突然而强烈的方式让我们意识到生命的脆弱。它提醒我们，生命并非永恒，而是充满了不确定性。这种认识让我们更加珍惜每一个健康的瞬间，更加关注身体的每一个信号。同时，病痛也让我们意识到生命的珍贵，让我们学会感恩，感恩拥有一个健康的身体，感恩能够享受到生命的美好。

2. 坚韧不拔的精神

面对病痛，我们要展现出坚韧不拔的精神。病痛往往伴随着痛苦和不适，但正是这些痛苦和不适让我们更加坚强。我们要学会正视痛苦，学会在困境中寻找希望，学会在挑战中不断成长。这种精神不仅能够帮助我们渡过病痛的难关，还能够让我们在未来的生活中更加坚强、自信。

3. 成长与自我认知

病痛是一次成长的机会。我们需要面对内心的恐惧和不安，需要学会照顾自己，需要调整自己的生活方式和心态。这些经历让我们更加了解自己，更加明确自己的需求。我们可以重新审视自己的生活，重新思考自己的目标和梦想，从而更加清晰地规划自己的未来。

（三）病痛中的积极应对与自我成长

1. 积极面对与心态调整

积极的心态是战胜病痛的关键。大学生应学会直面病痛的现实，不逃避、不恐惧。调整心态，将病痛视为成长和锻炼的机会，积极寻找解决问题的途径。这种积极面对的态度能够激发内在的潜能，提升应对困难的能力。

2. 主动寻求医疗帮助与支持

面对病痛，我们应该主动寻求医疗帮助和支持。及时就医，与医生沟通，了解自己的病情和治疗方案。同时，可以积极寻求家人、朋友、同学和社区的支持，让他们了解自己的处境和需要。这种主动寻求帮助和支持的行为能够增强个体的社会支持感，减轻病痛带来的心理压力。

3. 自我管理与成长

大学生需要学会自我管理，包括合理安排生活、饮食、锻炼和休息等方面。通过自我管理，病痛带来的不适可以得到有效缓解，生活质量也会得到提高。

二、对死亡的认识与思考

（一）死亡的生物学维度

1. 细胞的生命周期与死亡

细胞凋亡，或称程序性细胞死亡，是细胞生命周期的一个正常环节。它确保了身体内老旧或受损细胞的清除，并促进新细胞的生长。这一过程对于维持生物体的内部平衡至关重要。例如，在胎儿发育过程中，细胞凋亡有助于手指和脚趾的分离。

2. 遗传信息与生命终结

遗传信息在决定生物体生命周期中起着核心作用。特定的基因和基因表达模式与生物体的衰老和寿命密切相关。例如，端粒酶基因的活性与细胞复制的次数和衰老速度有关。通过学习遗传学，我们可以理解遗传、进化和生命的本质。

3. 疾病、免疫系统与死亡

疾病是导致生物体死亡的主要原因之一，特别是那些影响关键器官或系统的疾病，如心脏病、癌症等。生物体的免疫系统在抵抗病原体和维护健康方面发挥着关键作用。一个强大的免疫系统可以延长生物体的寿命，而免疫系统的衰弱则可能导致各种疾病和死亡。

（二）死亡的心理学维度

个体对死亡的认知会影响其心理状态和行为反应。对死亡的恐惧或焦虑等心理反应，都与个体对死亡的理解和看法密切相关。这种认知不仅影响个体的情绪状态，还会进一步影响其生活态度和行为选择。

1. 死亡焦虑

死亡焦虑，也称为死亡恐惧，是指个体对死亡的强烈恐惧和不安。这种焦虑可能源于对生命终结未知性的担忧，以及对丧失亲人、朋友和自身存在的恐惧。死亡焦虑可能表现为以下几种形式：一是情绪反应。包括持续的恐惧、焦虑和抑郁等情绪。个体可能会时常想到死亡，并因此感到极度不安。二是行为反应。为了逃避对死亡的恐惧，个体可能会采取一些极端的行为，如过度追求物质享受、寻求刺激等。三是生理反应。死亡焦虑还可能导致一些生理症状，如心跳加速、出汗、呼吸急促等。

2. 丧失与哀伤

死亡意味着丧失，无论是丧失亲人、朋友还是自身。这种丧失可能会带来深切的哀伤和痛苦。个体需要经历一个哀伤的过程，这个过程包括接受现实、表达情感、回忆过去以及寻找新的生活意义等阶段。哀伤是个体对死亡的一种自然反应，也是心理康复的重要过程。

3.心理支持与辅导

面对死亡时，人们往往会被哀伤、恐惧和困惑等情绪所困扰。为了有效应对这些心理层面的挑战，个体往往需要寻求专业的心理支持和辅导。心理咨询师或治疗师在此刻扮演着至关重要的角色。他们通过倾听，深入了解个体的内心感受，运用专业的知识和技巧，引导个体从多个角度审视死亡的意义，帮助他们构建更加健康、积极的心态。

（三）死亡的社会学维度

1.社会角色与责任的终止

当个体死亡时，其在社会中所扮演的角色和承担的责任也随之终止。这可能包括家庭角色、职业角色以及社会组织的成员身份等。这种角色和责任的终止会对周围人的生活和社会结构产生影响，需要其他人来填补这一空缺。

2.社会关系的重组

死亡会导致原有的社会关系发生改变。一个人的离世会改变其周围人的互动模式和关系网络。这种社会关系的重组可能包括重新分配角色、建立新的联系以及调整社交圈子等。这些变化不仅影响个体的心理和情感层面，还可能对整个社会结构产生影响。

3.文化传承与纪念

不同的社会和文化对待死亡有着不同的仪式和习俗，这些仪式和习俗不仅是对逝者的尊重和怀念，也是文化传承的一种方式。通过丧葬仪式、纪念活动等，社会成员可以共同表达对逝者的哀思。

4.社会资源的再分配

个体的死亡还可能涉及社会资源的再分配。这包括财产继承、职位更替以及社会保障资源的调整等。社会需要建立公平合理的机制来处理这些资源的再分配问题，以确保社会的稳定和持续发展。

三、生死之间的情感交织

（一）社会制度与法律法规

《中华人民共和国继承法》规定了遗嘱的继承和遗赠程序，确保财产在死者去世后能够按照其意愿合理分配。同时，《中华人民共和国继承法》也规定了在没有遗嘱的情况下财产的分配方式。

在临终者无法自主表达意愿时如何做出医疗决策，这可能需要家属、医生和法律机构之间进行协商。

（二）媒体与信息传播

1.媒体作为生死认知的拓展窗口

信息时代，媒体为我们提供了便捷、多元的信息渠道，使我们能够更广泛地了解生死问题。通过新闻报道、专题节目、社交媒体等多元渠道，我们可以接触到不同文化对生死的看法和态度。这有助于我们拓宽视野，增强对生死的认知和理解。同时，媒体还承载着生命教育的功能，通过传播专业的医疗知识、心理辅导等内容，帮助我们更好地面对生命中的挑战和变故。

2. 信息传播生死问题的局限与风险

媒体在报道生死问题时也可能存在一定的局限性和偏见。为了吸引观众眼球、提高点击率或收视率，媒体有时可能会过度渲染或简化生死问题，甚至传递误导性的信息。这种报道可能会引发公众的恐慌和焦虑，对人们的心理健康和情感状态造成负面影响。此外，社交媒体上的信息传播也可能加剧"信息茧房"效应，限制人们对生死的全面理解。

因此，我们要辩证地看待媒体作为生死认知重要窗口的作用，保持理性、审慎的态度，学会筛选、辨别和思考，以形成独立、全面的生死观念。同时，我们也应该关注媒体伦理和责任意识，呼吁媒体在报道生死问题时更加客观、公正和负责任。

（三）社会支持与临终关怀

1. 社会支持

面对死亡，无论是本人还是其家属，都会经历极大的情感波动和心理压力，非常需要社会支持。社会支持可以来自家庭、朋友、社区、医疗团队、志愿者等，它能够为临终者提供情感依托、实质帮助以及信息共享，从而帮助临终者更好地面对死亡。可以从以下三方面为临终者提供社会支持。

- 提供心理支持：临终者和他们的家人往往承受着巨大的心理压力。社会工作者、心理咨询师等专业人员可以为他们提供心理疏导，帮助他们缓解焦虑和恐惧。
- 提供信息和资源：社会支持网络可以为临终者及其家人提供关于医疗服务、法律咨询、财务规划等方面的信息和资源，帮助他们做出明智的决策。
- 协调医疗服务：社会工作者可以协助临终者和家人与医疗团队进行沟通，确保临终者得到最合适的医疗护理。

2. 临终关怀

临终关怀旨在为疾病终末期或老年患者在临终前提供身体、心理、精神等方面的照料和人文关怀等服务，控制痛苦和不适症状，提高生命质量，帮助临终者舒适、安详、有尊严地离世。

临终关怀的服务内容非常丰富，主要包括以下几点：

第一，提供心理疏导和情感支持，协助处理不良情绪。

第二，开展"死亡教育"，降低患者对死亡的恐惧。

第三，协助处理患者未完成的事务与愿望，如制订葬礼计划等。

临终关怀是一种全面、人性化的服务理念。随着人口老龄化和医疗技术的不断进步，临终关怀服务的需求也在逐年增加。随着社会的进步和人们生死观念的转变，临终关怀将会得到更多关注和发展。

安宁病房

安宁病房,也称安宁疗护病房,是为疾病终末期病人特设的病房。这种病房强调安宁疗护,实施"四全照顾"(全人、全家、全程、全队照顾),从多个方面照顾和关怀患者。

安宁病房的服务内容涵盖了心理支持、精神关怀以及必要的医疗护理。其核心理念是尊重生命,通过多学科协作模式,提高生命质量,帮助患者舒适、安详、有尊严地离世。

安宁病房通常配备专业的医疗团队,包括医生、护士、心理师等,以提供全面的医疗服务。病房环境舒适、安静,有助于缓解患者的焦虑和恐惧情绪。病房还设有教育示范和资讯咨询中心,为医护人员提供安宁疗护训练,也可以向公众普及生命学知识。

安宁病房的设立反映了社会对终末期患者的关怀与尊重,体现了医学人文与技术的高度融合。通过安宁疗护,临终者和家属能够更好地面对生命的终点,减少痛苦,获得身心的安宁。安宁病房还推动了死亡教育的普及,帮助人们正确认识和面对死亡。总的来说,安宁病房是一个为临终者提供全方位照护的地方,旨在提高患者的生命质量,让他们能够舒适、安详、有尊严地离世。

┃━ 第四单元 ━┃

性与生命的延续

单元目标 ∨

✧ 了解性与生命延续的科学原理与伦理道德。

✧ 培养正确的性观念与态度，促进身心健康。

✧ 培养尊重生命、关爱他人的情感与责任。

认知提示 ∨

✧ "性"不仅是一个生理问题、心理问题，更是一个社会问题、道德问题，它对人的生命质量有潜在的影响。要把性知识与性道德、性生物学和性心理学、性心理健康与精神文明建设结合起来，才能正确了解性心理差异，正确处理两性关系，理性对待婚姻和家庭。

思考与实践 ∨

✧ 阅读西格蒙德·弗洛伊德（Sigmund Freud）的《性学三论与爱情心理学》。作为精神分析学派的创始人，弗洛伊德的这部作品在人类性学与人类行为动机方面有着深入的研究。通过阅读这本书，了解弗洛伊德对性不同维度的分类和解析。

✧ 性在爱情中扮演了怎样的角色？它是否是爱情的基础？

✧ 在讨论性健康、性行为和生殖健康等话题时，强调性别平等意味着什么？

活动设计 ∨

✧ 设计一份简短的问卷或访谈，调查你周围的朋友或家人对性的看法和态度，并尝试用弗洛伊德的理论来分析这些看法和态度的成因。

对性的认知在促进个体健康、性别平等以及社会进步方面发挥着关键作用。它通过提供必要的性健康知识，例如性传播疾病（sexually transmitted diseases, STDs）的预防、避孕方法及生殖健康等知识，帮助个体做出明智的性健康决策。同时，它通过打破性别刻板印象，推动性别平等。此外，对性的认知也促进了个人自我意识和自尊的提升，使人们能够更好地理解和接受自己的身体。通过这一教育，有助于减少基于性别歧视和偏见，进而促进社会的和谐与进步。

模块一　性的基础

一、性别角色

社会性别区别于以人的生物特征为标志的"生理性别"，指的是以社会性的方式构建出来的社会身份。社会性别理论认为，男女两性各自承担的性别角色并非是由生理决定的，而主要是后天在社会文化的制约中形成的，是社会的产物，而且又反过来通过宗教、教育、法律、社会机制等得到进一步的巩固。

（一）定义与基本概念

性别角色（Gender Role）与指派性别（Sex Assigned at Birth）是两个不同的概念。指派性别指社会根据个体的生理性别（通常指外生殖器）所判断的性别[1]。生物学性别的判断主要基于染色体（如 XX 为女性，XY 为男性）、生殖器官（如卵巢或睾丸）、性激素水平（如雌激素和睾酮）等生理因素。

然而，这种分类也不是绝对的，因为存在如间性人（具有不典型的性染色体、性腺或性激素水平的人）等例外情况，这提示我们生物学性别的界定比初看起来更为复杂。

性别角色指属于特定性别的个体在一定的社会和群体中占有的适当位置，及其被该社会和群体规定了的行为模式[2]。性别是社会构建的，反映了社会对不同性别应有的行为、角色和身份的期望。

性别的构成包括性别认同（一个人对自己身份的内在感受，如男性、女性、双性、无性别等）、性别表达（个体通过外表、行为和社会角色表现出的性别）、性别角色（社会和文化对不同性别合适行为的预期）等方面。性别认同可能与个人的指派性别相一致，也可能不一致。

---

[1]　杨恒宇：《把黑白涂成七彩的颜色——多元性别视角下的性别认同测量及诠释现象学分析》，硕士学位论文，华东师范大学心理与认知科学学院，2022，第 3 页。

[2]　时蓉华主编《现代社会心理学》，华东师范大学出版社，1989，第 131—155 页。

（二）指派性别与性别认同的复杂性

指派性别和性别认同的复杂性体现在它们的多维性和流动性上，这两个概念超越了简单的二元对立的传统观念，即男性特质和女性特质相互独立。个体可同时拥有二者。

1. 指派性别的复杂性

虽然指派性别通常被归类为男性和女性，但这种分类忽视了自然界中的生物多样性，特别是间性人的存在。间性人出生时可能具有不明显的男性或女性生殖器官、非 XY 或 XX 模式的性染色体，或他们的性激素水平与典型的男性或女性不符。所以就性别差异而言，把两性看作是具有不同特质的完全不同的两类人，既简单化又不准确。

某些个体可能在生理上表现为某一性别，但他们的性别认同与之不符。例如，一些跨性别人士可能拥有与他们认同的性别不匹配的生理特征，这表明生物学性别不能完全决定个人的性别认同。

2. 性别角色认同的复杂性

性别角色认同是指个体在社会文化的影响下，形成符合社会性别期望的态度、行为和价值观，最后发展成男性特质或女性特质[1]。这可能与他们出生时被赋予的生物学性别相符，也可能不符。性别认同是一种深刻的个人体验，所认同的性别身份可以包括男性、女性、双性、无性别或超越传统性别界限的其他身份。

对于一些人来说，性别认同可能随时间而变化，表现出一种流动性。这种流动性挑战了性别认同作为静态和不变的概念的看法，反映了性别认同的个体差异和多样性。

不同文化对性别的理解和认同有着不同的观点。某些文化承认并尊重超出男性和女性二元对立的性别身份，这表明性别认同会受文化、社会和个人经验的影响。个人的性别认同及其表达往往受到社会接纳程度的影响。社会对性别多样性的认可程度影响了个体对自身性别认同的认识和公开表达的能力。

（三）性别角色的形成与影响

性别角色的形成及其对个体和社会的影响是一个复杂的过程，涉及文化、社会结构、教育和媒体等多个方面。性别角色指的是社会对男性和女性应有行为、活动、期望和责任的规定和预期。这些规定和预期深受性别刻板印象的影响，而后者是对某一性别固有特质的过度简化和带有偏见的看法。

1. 形成机制

在许多文化中，性别角色的传递是通过家庭、宗教和社会仪式的不断强化，从历史和传统中继承下来的。这些传统定义了男性和女性在社会、家庭和职业中的"适当"位置。社会的组织和结构，如教育系统、政治体系和劳动市场，都在维持和传播特定的性别角色。例如，某些职业被视为"男性化"或"女性化"的，这也影响个体的职业选择。从儿童时期开始，教育机构和教材中关于性别的呈现会对孩子的性别角色认知产生

---

[1] 林崇德：《青少年心理学》，北京师范大学出版社，2009。

影响。教师和教育内容常常无意中强化性别刻板印象。媒体是形成和传播性别角色的强大工具，通过电视、电影、广告和网络等渠道展示并强化了对男性和女性的期望行为模式。

2. 影响

性别角色的内化会影响个体的自我认识、兴趣发展和职业选择。严格的性别角色限制可能抑制个体探索非传统兴趣或职业的可能性，限制个人潜力的发展。与传统性别角色不符的个体可能会受到社会的排斥或歧视，导致压力、焦虑和抑郁。性别角色的刻板印象还可能导致自我价值感低下和身份困惑。性别角色影响人际关系的建立和维护，包括家庭关系、朋友关系和同事关系，也可能导致权力不平等和沟通障碍。

二、性的心理发展

性心理发展是一个涉及多方面因素的复杂过程，这一过程从儿童时期延续至成年，影响个体的性认同、性取向、性行为以及与性相关的情感和社会互动。

（一）儿童期的性别认同和性别角色学习

儿童在 3 至 5 岁间开始明确自己属于哪个性别，并根据社会和文化环境中的性别角色模型来塑造自己的性别行为和性别表现。

孩子通过模仿、游戏和社会互动学习并实践其性别角色。例如，女孩可能更倾向于玩洋娃娃游戏，而男孩可能更喜欢户外活动。这些行为是通过观察和模仿周围的成人和同伴而学习到的。

（二）青春期的性觉醒和社交发展

进入青春期后，伴随着激素水平的变化，生殖器官开始发育，第二性征出现，如男孩的声音变低和体毛增长，女孩乳房发育和月经来潮。正确的性教育对青少年形成健康的性观念至关重要。

（三）成年期的性关系和身份稳定

成年人往往寻求建立稳定的性关系，这可能涉及婚姻或长期伴侣关系。这一阶段的性关系通常基于深层的情感联系和相互承诺。成年人在性生活中追求满意度和快乐，同时也需要面对如性功能障碍等性健康问题。有效的沟通、定期的健康检查和适当的医疗咨询是维护性健康的关键。

（四）中老年期的性生活调整

随着年龄的增长，如更年期激素水平变化和睾酮水平下降等生理变化可能影响性欲和性功能。中老年人可能需要调整他们的性行为以适应生理变化。此外，情感连接（如对伴侣的深情和相互支持）和身体的亲密无疑是中老年人拥有满意性生活的重要因素。

模块二　性别平等

性别平等原则承认，每个人无论其性别身份如何，都应享有平等的机会和权利，包括教育、健康、工作、政治参与以及在家庭和社会中的决策过程。性别平等不仅是一项基本人权，更是实现社会整体进步与和谐的必要条件。

20世纪中后期以来，随着全球经济社会的发展与进步，国际社会形成了一系列有关促进妇女发展的国际公约。为认真履行国际承诺，保障妇女权益，提升妇女整体素质，国务院分别于1995年、2001年、2011年和2021年制定和颁布了《中国妇女发展纲要》，在每一版妇女发展纲要中，都明确了一定历史时期妇女优先发展的领域，设置了妇女在各个领域发展的主要目标，提出了具体的策略措施。每一项妇女发展指标、每一个监测数据都是一个观察视角，也是某一方面的关注重点，它反映了某一阶段出现的问题，也为有效地促进这些问题的解决提供了思路[1]。

但全球范围内的性别不平等现象仍然存在。这种不平等表现在经济收入差距、教育和卫生资源的不均等分配、性别基础上的暴力，以及对女性和非二元性别人群的社会和政治排斥等方面。

深入探讨性别平等，意味着要挑战长期存在的结构性问题，推动性别敏感的政策制定，并激励社会各界为建设一个更加公平、包容的世界而共同努力。性别平等的实现不仅能够促进女性的解放和赋权，更能够提升整个社会的经济发展水平和生活质量，打造一个更加和谐的全球社区。在探索性别平等的旅途中，我们被呼唤着去理解其深远的意义，面对现实挑战，并共同寻找突破性的解决方案。

一、性别平等的概念与现状

（一）概念与定义

性别平等是基于性别的公正和平等对待的理念，确保所有性别的人在社会的各个层面上享有同等的权利、机会和待遇，核心在于消除性别歧视，促进男性、女性以及非二元性别人群在法律、经济、政治和社会文化等方面的平等参与。

法律平等。确保所有性别在法律面前享有平等权利，包括平等的法律保护和同等的法律资源获取机会。

经济平等。涵盖平等获取工作机会、同工同酬、职业发展以及经济决策过程中的平等参与。

政治平等。指所有性别在政治参与、决策和领导中享有平等的机会和权利。

社会文化平等。涉及打破性别刻板印象，促进在教育、媒体呈现和家庭生活中的性

---

[1]　陈晖：《性别平等与妇女发展理论与实证》，中国民主法治出版社，2018，第1页。

别平等。

（二）现状分析

尽管国际社区在性别平等的推进方面取得了一定成就，但性别不平等仍然是全球性别议题面临的主要挑战之一。主要体现在以下几方面。

工作与经济。世界各地的女性在就业率、工资水平以及领导职位的占比上普遍低于男性。此外，女性承担的无偿家务工作量远超男性，这限制了她们参与公共和经济生活的机会。

政治参与。虽然女性在政治领域的参与度有所提高，但在许多国家和地区，女性在政治决策层的代表性依然不足。

教育与卫生。在教育机会和卫生资源的获取上，基于性别的不平等仍然存在，尤其是在低收入国家，女童和妇女面临的教育和卫生问题更为严峻。

性别暴力。基于性别的暴力，包括家庭暴力、性侵犯和骚扰，仍然是全球性的问题，严重影响女性的安全和福祉。

性别平等不仅是社会正义的要求，也是实现可持续发展目标的关键。通过共同努力，我们可以构建一个人人都能享有平等机会和权利的社会。

（三）性别平等与社会发展的关系

性别平等对社会发展至关重要，性别平等不仅是一项基本人权，也是推动社会和经济发展的关键因素。

性别平等对经济增长有显著影响。研究表明，提高女性的劳动参与率和确保就业机会的性别平等可以显著提高国家的经济产出。女性进入劳动市场不仅增加了劳动力资源，还带来了多样化的技能和视角，这对提高生产率、促进创新和决策质量都有正面影响。

性别平等在教育领域同样重要。确保女性获得与男性同等的教育机会，可以提高整个社会的教育水平。受过良好教育的女性更有可能获得就业机会，提高家庭收入，从而促进社会发展，形成良性循环。

性别平等在政治参与方面也极为重要。女性参与政治决策过程可以使得女性的利益和需求得到保障，促进制定更为全面和平衡的政策。性别多样性在治理结构中的体现有助于提高政策的公平性和有效性，促进社会公平正义。

性别平等对改善公共卫生和提高社会福祉同样有着不可忽视的作用。当女性能够在健康和生殖权利方面做出自主决定时，可以更有效地控制生育率，减少婴儿和母亲的死亡率，提高家庭和社区的整体健康水平。

性别平等还有助于增强社会凝聚力和包容性。在性别平等的社会中，人们更有可能尊重和理解多样性，减少基于性别的歧视和暴力。这种包容和尊重多样性的社会氛围有助于构建更加和谐、稳定的社区和国家。

性别平等与社会发展之间的关系是双向的和互惠的。一方面，性别平等可以促进经济增长、政治稳定和社会福祉的提高；另一方面，社会发展为实现性别平等提供了必要的资源和环境。消除性别不平等不仅可以实现女性的解放和赋权，还可以释放整个社会的潜力，推动社会包容性的持续发展。因此，在社会现代化转型过程中，我们需要处理好性别平等与社会发展之间的复杂关系，在经济发展和城市化进程中确保性别的平等[1]。

二、打破性别刻板印象

刻板印象，是指社会上对某一个群体的特征所作的归纳、概括的总和。它并不一定有事实根据，也不考虑个体差异，仅仅是存在于人们头脑中的一些固定看法，但对人们的认知和行为却能产生重大的影响[2]。性别角色和刻板印象在塑造我们的性别认知和行为预期方面发挥了深远的影响。从历史到现代，社会对男性和女性的期待已经深深植根于文化、传统和教育中，这些期待不仅定义了个体应如何表现，也间接影响了个体的职业选择、行为习惯以及人际互动方式。在社会生活中，刻板印象使它的承受对象受到先入为主的对待，而且常常是不公正的。

性别刻板印象是刻板印象的一个重要组成部分。性别刻板印象同认知有关，它是由一组看法构成，即大多数人分别怎么看男性和女性，这些看法是某个特定团体成员的共识[3]。随着社会的进步和性别平等观念的普及，传统的性别刻板印象受到了挑战。人们开始认识到，墨守成规不仅限制了个体潜力的发挥，也阻碍了社会的全面发展。打破性别刻板印象的束缚，不仅可以促进性别平等，还可以为社会带来更丰富的人才资源。

（一）促进个体自由和自我实现

性别刻板印象限制了人们对自己身份和能力的理解，阻碍了他/她们追求个性化目标和兴趣的自由。当人们不受限于传统性别角色时，他/她们能在职业选择、教育追求和个人生活方式上更自由地挖掘自己的潜力。

（二）提高社会经济效益

打破性别刻板印象可以显著提高劳动市场的效率和创新能力。当工作机会基于能力而非性别时，可以确保最合适的人选填补相应的职位，从而提高整体生产力和经济效益。此外，性别多样性在工作场所被证明能带来更广泛的视角和更强的创新能力。

（三）改善心理健康

性别刻板印象对个体的心理健康有着负面影响。不符合性别刻板印象的人可能会遭受排斥、歧视甚至暴力，导致焦虑、抑郁等问题。打破这些刻板印象有助于创建一个更加包容和支持的社会环境，从而提高大众的心理健康水平。

[1]　陈晖：《性别平等与妇女发展理论与实证》，第1页。
[2]　Hilton J L, "Hippel W. Stereotypes," *Annual Review of Psychology* 47 (1996): 237–271.
[3]　钱铭怡：《关于性别刻板印象的初步调查》，《应用心理学》1995年第1期。

（四）促进性别平等和社会公正

性别刻板印象是性别不平等的根本原因之一，它在教育、就业、政治参与等多个领域内固化了性别分工和性别歧视。消除性别刻板印象是实现性别平等的必要步骤，有助于构建更公正的社会。

（五）增强社会凝聚力和多样性接纳

打破性别刻板印象有助于构建一个接纳多样性的社会。这不仅限于性别多样性，还包括文化、种族和性取向等方面的多样性。一个接纳多样性的社会能够促进人们之间的相互理解和尊重，增强社会凝聚力。

模块三　性与健康

性与健康是生命教育中的一个核心议题，关乎个体的生理、心理及社会福祉。历史上，社会对性的认知常常受限于文化、传统和教育中的固有观念，这些观念定义了性行为的"适当"模式及对性健康的理解，间接影响了人们的健康行为、交流习惯和人际关系。性健康不仅涉及避免性传播疾病和维护生殖健康，也包括在情感和心理层面的性健康。近年来，随着全球信息一体化的形成，各种资讯在世界范围内迅速传播，不同国家地区、不同宗教信仰的性观念和行为混杂在一起，对人们产生了巨大冲击。一些片面、夸大、歪曲的性信息，特别是一些网络"性乱象"对当代大学生的道德观念产生了深远影响[1]，他们无法区分善恶美丑，全盘吸收，盲目效仿，导致许多性问题的出现，严重影响社会的健康发展[2]。

一、性传播疾病与预防

STDs 是全球范围内影响数百万人的健康问题，它们通过性接触传播，包括一些最常见的感染如淋病奈瑟菌、梅毒、人类免疫缺陷病毒（HIV）和人类乳头瘤病毒（HPV）引起的感染。其中艾滋病已成为全球最受关注的重大公共卫生问题之一[3]，我国艾滋病传播也进入快速增长期[4]，特别是近年来我国高校学生艾滋病感染人数迅速增加。预防和控制 STDs 是公共卫生领域的重要挑战，这些疾病不仅对个体的生理健康造成严重影响，还可

［1］魏寒冰：《网络"性乱象"对当代大学生性道德的影响研究》，《中国性科学》2016 年第 12 期。
［2］江剑平：《高校性健康教育实践与思考》，《中国性科学》2017 年第 9 期。
［3］ Gao X, Wu Y, Zhang Y, et al, "Effectiveness of school-based education on HIV/AIDS knowledge, attitude, and behavior among secondary school in Wuhan, China," *PLoS One* 9 (2012): 1−8.
［4］ Yan J, Xiao S, Zhou L, et al, "A social epidemiological study on HIV/AIDS in a village of Henan Province, China," *AIDS Care* 3 (2013): 302−308.

能带来心理和社会层面的负面后果。在社会和文化快速变化的今天，有效的 STDs 预防比以往任何时候都更为关键。

（一）STDs 的类型与传播途径

性传播疾病（STDs），也称为性传播感染（STIs），包括一系列通过性接触传播的感染。这些疾病可以由细菌、病毒或寄生虫引起，影响不同的身体部位，主要是生殖器区域。了解 STDs 的类型和传播途径对于预防和控制这些疾病至关重要。

1. STDs 的类型

一是细菌性 STDs，包括淋病、梅毒和衣原体感染。淋病是由淋病奈瑟菌引起，影响尿道、直肠或喉咙。梅毒由苍白螺旋体引起，特征是在感染初期出现疼痛性溃疡，后期可能导致严重的系统性疾病。衣原体感染由衣原体细菌引起，是最常见的细菌性 STD，常见症状包括异常分泌物和疼痛。

二是病毒性 STDs，包括人类免疫缺陷病毒（HIV）、人类乳头瘤病毒（HPV）和单纯疱疹。HIV 破坏人体的免疫系统，若不及时治疗可发展为艾滋病（AIDS）。HPV 是最常见的 STD 之一，部分类型可引起生殖器疣和某些类型的癌症，如宫颈癌。单纯疱疹通常由 HSV-1 和 HSV-2 引起，影响口腔或生殖器区域。

三是寄生虫性 STDs，如滴虫病，由阴道滴虫引起，是一种非常常见的性传播寄生虫疾病，主要症状包括发痒和分泌物增多。

2. 传播途径

一是性接触。这是 STDs 最常见的传播方式，病原体通过体液或接触受感染的黏膜传播。

二是皮肤对皮肤接触。某些 STDs，如生殖器疱疹和 HPV，可以通过直接的皮肤对皮肤接触传播。

三是血液传播。如 HIV，可以通过共享注射针头或其他接触受感染血液的方式传播。

四是母婴传播。某些 STDs，如 HIV、梅毒和 HPV，可以在妊娠、分娩或哺乳期间由母亲传给婴儿。

（二）预防措施与安全性行为

预防性传播疾病的关键在于实施一系列综合性的预防措施和进行安全性行为。以下是有效的预防策略和行为建议，这些措施可以显著降低 STDs 的传播风险，保护个人及伴侣的性健康。

1. 安全性行为

一是使用避孕套。在进行任何形式的性行为时正确并始终使用避孕套，是预防 STDs 的最有效方法之一。避孕套可以作为一个屏障，减少病原体通过体液和直接皮肤接触的传播。

二是减少性伴侣数量。限制性伴侣的数量可以减少感染 STDs 的风险。长期、稳定的性关系是降低风险的有效方式。

三是避免高风险性行为。避免与身体健康状况不明的人进行未受保护的性行为，以及避免在醉酒或使用药物的情况下发生性行为，因为这可能影响判断力和采取安全性行为的能力。

2. 定期检测和诊断

一是定期进行性健康检查。即使没有明显的症状，定期进行 STDs 检测也是重要的预防措施。及早发现并治疗 STDs 可以防止疾病进一步传播。

二是鼓励伴侣检测。与性伴侣一起检测有助于确保双方的健康，减少相互感染的风险。

3. 教育和意识提升

接受全面的性教育，了解性健康和 STDs 的知识是预防的关键。全面的性教育应包括 STDs 的传播方式、症状、影响及预防措施。同时，通过社区教育项目和公共健康信息宣传，增加公众对 STDs 的认识和理解，以及如何采取措施保护自己和他人。

4. 去除污名和开放对话

社会对 STDs 的污名可能阻碍人们寻求检测和治疗。创建一个开放和无偏见的环境可以鼓励更多人进行定期检测并寻求必要的医疗帮助。与性伴侣开放讨论 STDs 和性健康的重要性，建立彼此之间的信任，共同采取预防措施。通过实施这些策略，个体可以有效地降低感染和传播 STDs 的风险，打造一个更健康、更安全的生活环境。

二、安全性行为与避孕

在当今社会中，安全性行为与避孕是维护性健康和生殖健康的重要组成部分。这不仅关乎个体健康，也直接影响着人们的生活质量、人际关系以及未来计划。安全性行为涵盖了从使用避孕套到定期进行性健康检查的各种措施，旨在预防性传播疾病和意外怀孕。而避孕方法的选择和使用，则关系到避免未计划的怀孕，同时对于预防某些性传播疾病也起到了至关重要的作用。有效的避孕方法和安全性行为不仅可以保护个体免受感染和减少生殖健康问题，还有助于增进伴侣之间的相互信任。这些措施还会对公共卫生产生深远影响，有助于降低医疗系统的负担，推动社会经济的发展。

（一）避孕方法的选择与使用

在性健康管理中，正确选择和使用避孕方法至关重要，它不仅能帮助预防意外怀孕，还能在一定程度上降低性传播疾病的风险。

1. 屏障避孕法

屏障避孕法通过物理或化学方式阻止精子与卵子的结合。男用避孕套是最常见的屏障避孕法之一，它可以有效防止精子进入女性生殖道，使用时需确保从性行为开始到结束都正确佩戴；女用避孕套内置于阴道内，同样可以防止精子和卵子的结合，并预防性传播疾病；子宫颈帽是一种覆盖在子宫颈上的小帽子，通常与精子杀手（一种杀死精子的化学物质）一起使用以增加避孕效果。

2. 激素避孕法

激素避孕法通过改变女性的激素水平来防止排卵，从而防止怀孕。避孕药分为含有雌激素和孕激素的组合避孕药以及只含孕激素的避孕药，必须按照医嘱服用；避孕贴片，每周更换一次的避孕贴片，通过释放激素来防止怀孕；阴道环，放置在阴道内的环状设备，每月更换一次，通过释放激素来防止怀孕。

3. 长效可逆避孕法

长效可逆避孕法（LARC）提供长期但可逆的避孕效果，通常由医疗专业人员进行操作。宫内节育器（IUDs），分为激素 IUDs 和铜 IUDs，可以提供多年的避孕保护，铜 IUDs 还具有紧急避孕的功能；皮下植入棒，在上臂皮下植入一小棒，可持续释放避孕激素，有效期可达几年。

4. 紧急避孕

紧急避孕药可在无保护性行为后尽快使用，以防止怀孕，在性行为后 72 小时内服用效果最佳，越早服用效果越好。

（二）选择避孕方法时的考虑因素

选择合适的避孕方法需要综合考虑多个因素。每种避孕方法都有其优势和局限性，因此了解个人的健康状况、生活方式、未来计划以及对避孕效果的需求非常重要。

1. 避孕效果的可靠性

不同的避孕方法有不同的避孕成功率。例如，宫内节育器和植入式避孕棒的避孕成功率非常高（超过 99%），而屏障避孕法如避孕套和子宫颈帽的避孕成功率可能稍低，特别是在使用不当时。

2. 副作用

几乎所有避孕方法都可能带来某些副作用。例如，激素类避孕方法（如避孕药、皮下植入和避孕贴片）可能导致体重变化、心情波动或月经不规律等。

3. 个人健康状况

个人健康状况可能影响避孕方法的选择。例如，有血栓病史的女性应避免使用含雌激素的避孕方法。此外，哺乳期的女性、心血管疾病患者或有其他特定病症的患者可能需要特别考虑。

4. 长期生育计划

如果希望在不久的将来怀孕，可能要考虑选择容易逆转的避孕方法，如避孕套或避孕药。而如果不打算在短期内生育，长效避孕方法如 IUDs 或植入棒可能是更合适的选择。

5. 对性传播疾病的保护需求

如果在预防性传播疾病方面有较高需求，使用避孕套将是必须的，因为它是目前唯一能预防性传播疾病的避孕方法。

选择避孕方法时，考虑这些因素有助于做出最适合自己需求和生活方式的选择。理想的避孕方法应该是既有效又适合个人生活方式，同时能够减少对日常生活干扰的。

（三）避孕的重要性与性健康

避孕不仅是一种个人选择，更是一项重要的公共卫生策略。它不仅对保护个人性健康十分重要，还对推动社会经济发展和实现性别平等具有深远的影响。

1. 预防意外怀孕

避孕最直接和明显的作用是预防意外怀孕，这对于促进性别平等和女性赋权尤为重要。意外怀孕可能导致未准备好的个体或家庭面临重大生活变动和潜在的经济压力，这些压力可以通过适当的避孕措施有效避免。此外，预防意外怀孕可以使个体在教育、职业和个人发展方面的选择更自由，从而提高生活质量。

2. 降低性传播疾病的风险

虽然不是所有避孕方法都能预防性传播疾病，但作为屏障避孕方法的避孕套，对于防止艾滋病、淋病、梅毒等疾病的传播提供了有效的保护。避孕套在全球范围内被认为是预防性传播疾病的最实用和有效的手段之一。

3. 促进心理和情感健康

有效的避孕措施能够减少个体和伴侣在性行为中的焦虑和压力，尤其是对于意外怀孕的担忧。这有助于提高性生活的质量，增强情感的稳定性和伴侣关系的满意度。

4. 影响社会和经济发展

从宏观角度来看，避孕方法的普及可以促进社会经济的发展。通过控制生育率，家庭可以更好地为每个孩子的教育和健康投资，从而提升生活标准和经济潜力。此外，有效的避孕在促进女性就业方面扮演着重要角色。通过规划生育时间，女性能更自由地投身工作，从而提高女性的经济独立性和社会地位。

三、性心理健康

性心理健康是整体心理健康的重要组成部分，它涉及个体的性认同、性行为以及对性关系的感知和体验。在健康的性心理状态中，个体能够以积极和健康的方式表达自己的性需求和欲望，同时尊重自己及他人的偏好。然而，性健康在许多文化中仍被视为敏感或禁忌的话题，这可能导致一系列心理问题，如性焦虑、性功能障碍以及与性身份相关的内心冲突。

在现代社会，随着对性的开放讨论逐渐增加，人们开始更加重视性心理健康，认识到其对个人幸福和人际关系的重要性。健康的性心理状态不仅能增强个人的自我认同，还能促进伴侣间的沟通和理解，从而建立更满意和持久的关系。

（一）性压力与性心理健康问题

性压力是指个体在性行为、性身份、性关系或性欲望方面经历的心理压力。这种压力可能源于多种因素，包括社会文化期望、个人经验、身体健康状况以及伴侣关系。性压力不仅会给个体带来压力，还可能导致性功能障碍和其他性心理健康问题。

1. 性压力的来源

许多社会文化对性行为有严格的规范，这可能包括对性行为的接受度、性取向、性角色和性表达的限制。这些规范往往以刻板印象和传统观念为基础，不符合这些期望的个体可能会面临被排斥的困境。

身体健康问题，诸如慢性疾病、性功能障碍（如勃起障碍或性欲低下）以及药物副作用等，都可能对性生活产生负面影响，进而引发性相关的心理压力。

在伴侣关系中的沟通不畅、信任缺失或双方需求不对等，都可能导致性压力的增加。

2. 性心理健康问题

一是性功能障碍。包括勃起功能障碍、早泄、性欲减退、性交痛等，这些问题可能由心理压力触发，反过来又增加心理压力。

二是性恐惧与性焦虑。某些人可能对性行为产生强烈的恐惧或焦虑，担心表现不佳或无法达到伴侣的期望，这可能导致对性行为的回避，影响伴侣关系和生活质量。

三是低性自尊。性心理健康问题可能导致低性自尊，个体可能觉得自己在性方面不尽如人意或不被需要，这种感觉可能影响到生活其他领域。

3. 解决策略

一是专业咨询与治疗。心理治疗，特别是认知行为疗法（CBT），可以帮助个体解决根源性问题，改变不健康的思维模式，采取更健康的应对策略。

二是教育与沟通。普及性教育，增强对性健康的了解；与伴侣之间开放的沟通也是关键，可以增强彼此的理解和支持，减少误解和压力。

三是自我接纳。在性方面接纳自己，可以减轻心理压力。

性压力和相关的性心理健康问题是复杂的，需要通过多方面的努力来解决。

62

（二）寻求帮助的途径与资源

在寻求帮助时，重要的是选择安全、可靠的途径，确保所获得的信息和支持是科学和专业的。无论选择哪种途径，都应以尊重、理解和非评判的态度对待性问题，这对于促进性心理健康至关重要。

1. 医疗专业人员

家庭医生可以提供初步的咨询，并根据需要引荐更专业的服务。性健康专家，包括泌尿科医生或妇科医生等专业人员，这些专家可以提供关于性功能障碍、性传播疾病和避孕等方面的专业建议或治疗方案。心理学家、精神科医生或经过认证的性治疗师，也可以帮助处理性焦虑、性恐惧和其他相关的心理问题。

2. 心理支持和治疗

认知行为疗法是一种有效的心理治疗方法，专注于改变不健康的思维模式和行为，常用于处理性焦虑和性功能问题。伴侣参与治疗可以帮助伴侣双方更好地沟通和解决性问题。许多网站和在线平台提供关于性健康的信息，并提供心理健康支持服务。这些资源可以在保持匿名的情况下访问，帮助个体在舒适的环境中寻求帮助。

3. 教育资源

可以访问一些性教育网站并学习在线课程，像 Planned Parenthood 和 Mayo Clinic 这样的组织提供有关性健康的教育材料和在线课程。还可以阅读一些专注于性健康的书籍和出版物，如《性爱的科学》等。

第五单元

构建社会生命关系

单元目标 ∨

◇ 理解社会生命的基本定义、内涵及社会生命与个体生命的关联与区别，认识到社会生命的重要性和必要性。

◇ 了解社会生命教育的主要内容，加强认知意识与能力。

◇ 掌握社会生命教育的实践方法与提升途径，通过实际案例分析，学会实践运用。

认知提示 ∨

◇ 马克思认为，"人的本质是一切社会关系的总和"。生命与生命相互联结构成了或大或小的关系网络，这些网络的动态组合构成家庭、社会组织、国家等人们赖以生存的社会支持力量。生命只有向这些网络开放、与这些网络沟通，才能获得他人的支持而不断发展和提升。也正是这些网络的存在给所有居于其中的生命以安全感、归属感和依存感。这些网络联结的不只是生命对生命的需要，更是生命对生命的责任，要求人们学会尊重他人的生命，学会与他人、社会、自然和谐地相处，学会关爱、宽容，学会共同生活。

思考与实践 ∨

◇ 阅读《中国人的脸面观——形式主义的心理动因与社会表征》，分享读后感。

◇ 选取实际的构建社会生命关系的案例，分组讨论，思考构建社会生命关系的重要性。

活动设计 ∨

◇ 社会关系包括个人之间的关系、个人与群体之间的关系、个人与国家之间的关系，甚至还包括群体与群体之间的关系、群体与国家之间的关系。群体的范畴，小到民间组织，大到国家政党。当遇到困难和心有困惑的时候，好好梳理一下自己的社会生命关系，解决困难、消除疑惑心结的路径也许就找到了。

◇ 4～5人为一组，每组选择一个与社会关系相关的案例或情景，组内讨论：

1. 在这个案例中，主人公遇到了哪些困难？

2. 他／她是如何梳理社会生命关系，寻找解决问题的路径的？

如果说生命知识的教育主要针对自然性生命，那么生命关系的教育主要针对社会性生命。马克思认为，"人的本质是一切社会关系的总和"，人是社会性的存在，人的社会属性和人的自然属性一样，都是人固有的特征。每个人的社会性的存在为他人构建了生存的社会环境。关于生命与生命之间关系，可以以个体的"人"为中心点，去认识和探索人与自我、人与他人、人与社会和人与自然之间的关系。

模块一 社会生命的基本概念

一、社会生命的定义与内涵

社会生命并非是一个抽象的概念，而是深深植根于每个人的日常生活之中。它代表了人在社会环境中形成的独特属性，是人类作为社会成员的生命特征，是在与他人的交往与互动中不断形成与完善的。在社会生命的构建过程中，人们要学习如何理解他人、尊重他人，如何在社会中找到自己的位置，如何与他人合作，共同解决问题，不断地调整自己的行为和态度，以适应社会的要求和期待。

（一）社会生命的内涵

动物依靠自然所赋予的本能适应特定的生存环境，但是大自然却没有给予人类特定完备、足以适应大自然生存环境的本能。生存能力的局限性决定了人类无法以个体存在的形式面对复杂的自然环境，而必须以群体性或是社会性的存在方式去应对自然界的种种挑战。因此，人的生命绝不能仅仅局限于纯粹的自然的生理肉体结构形态，在其自然属性的基础上，还必须具有社会属性。马克思指出："人的本质并不是单个人所固有的抽象物。在其现实性上，它是一切社会关系的总和。"人是社会中的人，社会是人的存在方式。为了克服个体的局限性，形成了人类社会。人的社会属性决定了人不仅是一个自然生命存在，更是一个社会生命存在。人总是处于纷繁复杂的"社会关系"之中，在"社会关系"中扮演着一定的社会角色。生活在社会共同体中的人，其生命是一种"共在"，不仅属于自己，也与其他人有着千丝万缕的联系。所以，人作为一个社会生命，便意味着要学习社会规范，遵守社会规则，承担社会角色，履行社会责任，创造社会价值。

人总是处于"社会关系"之中，并承担一定的社会角色，人的社会存在方式既关联于人的内在意识，又有超越人的内在意识的感性对象性、客观普遍性。

（二）社会生命与个体生命

个体生命与社会生命之间存在着密切而复杂的关系。个体生命是社会生命的基础和载体，而社会生命则是个体生命的延伸和拓展。个体生命是社会生命的基石。每个人都是独特的个体，拥有自己的思想、情感和经历。这些个体特征构成了社会多样性的基础，使得社会充满活力和创造力。个体通过自身的努力和贡献，不断推动社会的发展和进步。

社会是一个由个体组成的复杂系统，它提供了个体与他人交流、合作和竞争的平台。在社会中，个体可以学习新知识、掌握新技能，与他人共同创造社会价值。同时，社会也给予了个体追求幸福、实现梦想的机会，使得个体生命得以充分发展。

人处在特定的社会之中，在与他人的交流与互动中形成了各种伦理关系，这些作为个体的人以及由人所形成的各种社会关系便形成了社会。从根本上来看，社会性反映出人的生命的本质所在，任何一个生命个体都不可能脱离社会而存在，更无法离开社会而发展。人是社会的人，只有通过社会才能获得自身的发展。可见，人的生命关系包含了社会关系，在推动个体生命观形成与塑造的过程中要协调、处理人与社会之间的关系。人与社会之间的关系特点决定了人在享受社会提供的资源与便利的同时，要通过生命实践活动的开展承担相应的社会责任，在获得生命个体发展的同时推动社会实现发展。需要注意的是，这里的"社会"不仅仅是局限于一个国家或是一个民族之内的社会，而是立足于世界全局的"大社会"。这是由科技发展、经济全球化等综合因素所决定的。在技术时代，随着全球化的持续推进、人类活动范围的延展，人与人之间的接触与交流愈加深入和广泛。人们之间的利益交汇点逐渐增多，世界越来越成为一个"你中有我、我中有你"、彼此相互依存的有机整体。同时，公共领域的扩大、私人领域的缩小使得人们彼此间的合作更为重要，人们在密切联系的同时，相互间的责任与义务关系也更为凸显。

（三）社会生命教育的外延

自古希腊亚里士多德以来，西方人本位教育家一直把身心的和谐发展或者真善美的完满人格作为全人的标志。对此，持社会本位倾向的教育家迪尔凯姆（Durkheim）批判道，追求个体精神的和谐发展，在一定程度上是不可少的，也是令人向往的，却是不能实现的。因为它与人们同样遵循的另一个行动准则有矛盾，这个行动准则就是，人的一生必须献身于某一项特定而有限的任务。每一种任务都有其特定的角色要求，教育就是培养适应这种角色的人。所以，教育就在于使年轻一代系统地社会化，培养"社会我"，这就是教育的目的。

所以，全面的生命教育不可忽视社会生命的教育。社会生命是精神生命在社会领域和应用层面的延伸。前者体现了教育的人本性或人文性，后者体现了教育的工具性。我们既不能以教育的工具性来代替或者排斥人本性，也不应该以人本性诋毁工具性。教育既引导人思考"为何而生"的意义，又不能放弃教人"何以为生"的本领。

社会生命的教育，实质上是使个体社会化的过程。个体的社会化是指个体适应社会的要求，通过与社会环境的相互作用，由一个自然人、精神人，转化为一个能适应一定的社会规范要求，参与社会生活，履行一定角色行为的社会人的过程。

个体社会化的内容有狭义和广义之分。狭义的个体社会化，仅指个体获得某种社会价值、规则、态度、信念；广义的个体社会化，不仅包括引导个体掌握和内化这些社会价值、规则、态度、信念，同时也包括使个体获得一定的职业知识和技能，掌握谋生的本领，创造社会财富。所以，社会生命的教育，是使人成为社会人的教育，成为一个家庭和社会的成员，成为一个公民和生产者的教育。它包括社会化的教育、共同生活的教育、生存的教育等。

二、社会生命的特征与表现

人类社会是一个有文化、有组织的系统，是由人类通过一定的文化模式组织起来的。生产活动是一切社会活动的基础，任何一个社会都必须进行生产。人类是共同生活的最大社会群体，有明确的区域界限，存在于一定空间范围之内。任何一个具体社会都和周围的社会发生横向联系，具有自己的特点。人类社会有一套自我调节的机制，是一个具有主动性、创造性和改造能力的"活的有机体"，能够主动地调整自身与环境的关系，创造适合自身生存与发展的条件。社会生命特征的表现与归纳，脱离不开人类社会。

（一）社会生命的特征

社会生命是一个动态演变的概念，它伴随着人类文明的发展而不断丰富和演化。在人类社会的早期阶段，社会生命主要体现在以血缘和地缘为基础的族群共同体中，人们通过共同的语言、文化和习俗维系着彼此的联系。随着生产力的提高和社会的进步，社会生命的表现形式也逐渐复杂化，从家庭到村落，再到城市、国家乃至全球化的社会网络，社会生命的规模不断扩大，其特征也日趋多样化。

社会生命具有以下几个显著特征：一是互动性，社会生命是由众多个体和群体通过复杂的社会关系交织而成的，每个个体和群体的行动都会对社会生命产生影响；二是动态性，社会生命是不断变化和发展的，随着时代的变迁，人们的观念、价值观、习俗等不断变化，社会生命也在不断演进；三是共生性，每个社会成员都是社会生命的一部分，彼此之间相互依存、共同发展。

（二）社会生命认知的必要性及意义

理解社会生命，对于个人和社会都至关重要。对个人而言，认识到自己作为社会的一部分，可以增强归属感和责任感，促进个人的全面发展。对社会而言，每一个成员对社会生命的认同和珍视，是构建和谐社会的基石。

个人的每一个选择和行动都应该考虑到其社会生命。这要求我们在日常生活中，不仅要关注个人的得失，更要思考自己的行动对他人、自然和社会的影响。

我们要认识到社会生命的重要性，每个人都应该承担起相应的社会责任，为社会的进步作出贡献。这包括但不限于遵守社会规范、积极参与公共服务、关注弱势群体、推动可持续发展等方面。通过实际行动，我们不仅能够提升自我价值，还能为社会生命注入更多的活力和正能量。

生命不是孤立的、单个的存在，生命存在于关系之中，是一种关系性存在。个体的生存与幸福必须遵循人与人之间为维持和谐共存而达成的协议、所订立的规则，这是成为社会人的前提。

一、社会化的教育

社会化的教育就是使个体接受社群的规范，促使个体思想意识的社会化，个体能力发展的社会化，个体行为的社会化，个体职业角色、身份的社会化。

个体的社会化与个体精神人格的发展必须协调起来，这正如杜威所说："教育必须从心理学上探索儿童的能量、兴趣与习惯开始……这些能力、兴趣与习惯必须不断地加以阐明——我们必须明白它们的意义是什么，必须用和它们相对应的社会术语来加以解释——用它们在社会中能够做些什么的用语来加以解释。"[1] 所以，杜威倡导儿童的自由发展，但他与自然人本主义教育家不同，他重视社会化对儿童发展的制约和引导作用。

只有把人的精神人格社会化，把精神生命与社会生命统一起来，个体才会成为一个现实的生命体，而不是一个抽象的人。

二、共同生活的教育

人生活在关系之中，工业文明发展起来的"为我"的这种主体性，往往会带来人与人、人与自然之间的冲突。"人类的历史始终是一部冲突史。一些新的因素，特别是人类在 20 世纪期间创造的奇特的自毁能力，正在增加冲突的危险……迄今，教育未能为改变这种状况做多少事。"[2]

因此，在反思的基础上，国际 21 世纪教育委员会向联合国教科文组织提交的报告《教育——财富蕴藏其中》把"学会共处"作为 21 世纪教育的四大支柱之一。

他们设计了使人们通过扩大对其他人及其文化和精神价值的认识，来增进理解、避免冲突，或者以和平的方式解决冲突的教育策略：一是教学生懂得人类的、民族的多样性，同时还要教他们认识所有人之间具有相似性并且是相互依存的，使他们发现他人，尊重他人，理解他人；二是为人们设计共同的奋斗目标，开展共同的项目，组织共同的活动，传授合作和避免冲突的方法，增进对他人的了解和对相互依存问题的认识，培养对弱

[1] 杜威：《学校与社会·明日之学校》，人民教育出版社，1994。
[2] 联合国教科文组织：《教育——财富蕴藏其中》，教育科学出版社，1999。

势人群的关爱、社会责任感和人道主义精神。

三、生存的教育

教育既具有个体发展的功能，又具有个体谋生的功能。教育的个体发展功能着眼于人的自身发展的需要，促进人的身心和谐发展，是成"人"的教育。教育的个体谋生功能，着眼于社会生产和生活对人的知识、技能的要求，是成"才"的教育，是"人力"的教育。当然，教育的最终目的是成"人"，但成"才"是成"人"的必要环节，同时，成"人"必须通过成"才"表现出来。我们否定教育的极端功利主义，以牺牲个体生命的发展为代价而追求成"才"，但并不否定在身心健康发展基础上的成"才"教育。

教育为完满生活做准备，因此需要准备直接自我保全的教育，准备间接自我保全的教育，准备做公民的教育，准备生活中各项文化活动的教育。只有进行了这些方面的教育，个体才能从"精神人"成为一个现实的家庭成员、社会公民、生产者、生活的享用者，承担他们的责任，过上健康、文明、幸福的生活。

基础教育虽然也承担使学生学会生存的责任，但其重点仍然在于促进身心的和谐发展，为成"才"奠定基础。建立在基础教育之上的职业技术教育、高等教育乃至成人教育，重点应该转向成"人"的教育，培养具有谋生本领的劳动者和建设者，使之成为推动社会生活发展进步的人力资源。

总之，全人的教育包括自然生命的教育、精神生命的教育和社会生命的教育，它们各自内部又包含有相应的德育、智育、体育、美育和劳动教育，共同构成一个复杂的、完整的教育网络和有机统一的教育体系。其中的每一种教育，既相对独立，又相互开放。

模块三　社会生命教育的实践方法与提升

一、社会生命教育的实践方法

（一）生命叙事教育法

人的生命以一连串具体而鲜活的生命情境，叙述与表达着生命的需要、欲望、愿景等。人们将生命中发生过的具体情境通过语言的形式表达出来，向他人叙述自己的生命故事，分享自己的生命信息、经历与追求的过程被称为生命叙事。

相较于传统的以理服人、注重逻辑的理论灌输式教育，生命叙事教育法以故事为载体，借助想象、情感、体验等非理性化、非逻辑化的思维方式，引导学生在生动、形象的故事内容中认识生命，体悟生命，非常契合生命个体无意识的学习状态和认知机理。因此，在大学生生命教育活动中，教育者应善于选择生命叙事的案例，构建生命叙事的主题，创设生命叙事的情境，以激发大学生的生命情感，提升他们的生命意志，培养他们的生命感悟力与判断力。

具体来说，生命叙事教育法应用于生命教育，包含以下三个步骤。

一是独白的生命叙事，这是生命教育在运用生命叙事教育法时的课前准备。它要求在课堂上即将分享生命故事的学生，利用课前独处的时间，回忆与细数自己或者他人所经历的、与老师所挑选主题相契合的生命故事，并对此故事中所发生的生命情境具有较为深刻的感触与认知。

二是课堂学习共同体的生命叙事，这是生命叙事教育法的核心与关键。它要求学生在叙述完自己或者他人的生命故事后，其他学生在老师的引导下予以点评，展开思想碰撞，进而在平等的生命对话场中探寻生命的智慧与真谛。

三是课堂外的生命叙事，这是课堂生命叙事教育法的有益补充。它鼓励学生利用课后时间，自发地通过学生社团活动，分享交流自己在课堂中获得的生命启示，以增进自身对课堂上所讨论主题的认知与感悟。

（二）生命体验教育法

人是真实、鲜活的生命存在。人的生命问题不能依赖于抽象理性的知识来认识与剖析。它关涉到人心灵深处的精神世界，需要通过真切的体验来感受生命的艰辛与欢愉，理解生命的本质与意义。

与一般认知教育活动不同，生命体验教育法旨在引导受教育者以亲身体验的方式，无限地深入客体，将自身融入与他人、与社会、与自然等关系中，感受生命的内涵，构建生命的意义，探寻生命的价值。具体来说，生命体验教育通常采用"间接体验""直接体验""体验反思""体验升华"四种教育形式。其中，"间接体验教育法"是通过模拟实际生活中的情景与角色让学生间接体验教育活动中的生命主题，实现对生命存在价值的感知；"直接体验教育法"通过组织学生参加"志愿者服务""暑期三下乡""见习实习""素质拓展"等活动，让学生在亲身参与社会实践活动中直接体验生命；"体验反思教育法"是通过引导学生反思、评估"间接体验"与"直接体验"所生成的心理感受、行为方式与体验效果，促使学生形成深层次的体验感悟；"体验升华教育法"是通过帮助学生明晰体验中所获得的"知""情""意""行"之间的内在关系，引导他们将积极有益的生命体验内化于心，外化于行，以构建生命的意义。

（三）榜样示范教育法

生命教育运用"榜样示范教育法"，从提升教育者的榜样示范作用与树立榜样示范典型两方面入手，引导学生由他及己，反思自身，思考生命，认识生命，主动向榜样看齐靠近，积极探寻生命价值。

一是提升教育者的榜样示范作用。教师作为生命教育活动中与学生接触最为密切的人，其一言一行对学生生命观的形成均发挥着至关重要的作用。教师潜意识下的言行举止所体现出的优秀生命品质会不知不觉地促使学生反思自我，见贤思齐。为此，教师要严格要求自己，努力提升自己，发挥自己的榜样示范作用。要热爱学生，关心学生，做学生的人生导师和知心朋友，从而在亦师亦友的师生关系中，以真实鲜活、亲切温和的形象感染学生；要不断加强自我思想品德修养，以身作则、为人师表，以高尚的道德情操，优雅的人格魅力为学生树立生命的榜样；要不断提升自我的知识素养，以广博的生命知识，深刻的生命见解，为学生的人生引路指航。

二是树立榜样示范典型。榜样示范典型的选择需要教育者注意两个方面：一方面，要突破传统榜样典型"高大全"的形象。传统的榜样典型示范教育法常常乐于塑造"高大""完美""全能"的英雄人物，让受教育者感觉所树立的榜样人物不食人间烟火，远离现实生活，缺少个性特征，令人敬而远之，从而达不到理想的教育效果；另一方面，教育者要紧跟时代潮流，了解社会热点，善于选择贴近现实生活的优秀人物，挖掘他们身上令人感动、真实客观的生命事件，为学生树立榜样示范。需要指出的是，这些优秀人物除了可以是国家社会中的"时代楷模"、行业标兵外，也可以是在平凡岗位上乐于奉献、奋发向上，可亲、可爱、可敬的身边人。

（四）对话交流法

人与人之间的关系既是主客体关系，也是主体与主体的关系。人类彼此间存在着"主体间性"，"主体间性"决定了人们彼此间需要借由平等对话交流的方式，形成良好的生命关联，进而在互相理解、互相合作中，达成生命共识，共同体验与探寻生命的意义，实现自我与他者的共同发展。

教育作为人与人的主体间交往活动，自然也离不开有效的对话交流。尊重生命本质，强调生命事实的生命教育更需要采用对话交流法，在教育教学过程中形成有效的对话交流机制，以营造有益于学生成长、充满人性的育人环境。

为构建良性的师生之间、学生之间的对话关系，实现生命意义的双向生成与提升，生命教育在采用对话交流法时应注意两个方面。

一是要建立民主平等的师生关系、同辈关系。对话交流的双方包括老师与学生，学生与学生。唯有对话交流的双方处于平等地位，才有助于双方的沟通交流，形成良性的双向互动。特别需要指出的是，传统的师生关系是不平等的，教师在教育过程中掌握话语霸权。为此，教师在运用对话交流法时要善于营造宽松、自由的交流氛围，习惯和学生平等地对话与交流，鼓励学生积极主动地表达自己的观点。

二是坚持主体性与主导性相结合的原则。对话交流法尊重学生的主体性，鼓励学生在师生与生生的交流中畅所欲言，但这并不意味着教师可以丧失自己的立场，放弃自己的权威，任由学生自由地发挥。因此，教师在教育活动中采用对话交流法时，还应坚持以学生为主体，以教师为主导的原则；在充分尊重与鼓励学生积极、自由地发表思想观点的同时，需适时且客观地对学生的观点予以点评与引导，以构建"师—生"间，"生—生"间的有效对话机制。

（五）自我教育法

人是有意识的存在。人通过意识的能动作用，能够自我认知，自我理解，自我肯定，自我反思，自我改进与自我创造。人的自我意识决定了教育活动中采用自我教育法的可能性。

所谓的自我教育法，就是指教育者在尊重受教育者个性特征，发展规律的基础之上，引导受教育者自觉主动地按照教育的规律、目标、内容等，进行自我学习、自我认知、自我反思、自我调整的方式。

大学生生命教育在运用自我教育法的过程中需注意两个方面的问题。

一是在尊重学生个性化特征与需求基础上，培养学生的主体意识，提高他们自我组织、自我管理、自我调整、自我超越的主观能动性。

二是不能因为提倡自我教育而忽视学校教育，将自我教育法偏狭地理解为放任自流、天马行空式的教育方式，任由学生随心所欲地彰显主体性与发挥能动性。为此，在引导大学生采用自我教育法时，要善于将教育与自我教育相结合，适时且恰当地给予他们提点、引导与帮助。

二、社会生命教育的提升途径

大学阶段是青年学生确立生命观，探寻生命意义，追求生命目的的关键时期。在这一阶段，大学生的独立意识和能力不断增强。然而，他们也不可避免地受到拜金主义、功利主义、个人主义等错误价值观的影响，面对来自学习、生活、就业、人际交往等方面的压力，生命的困惑不断增多。因此，学校不仅要为大学生提供生命教育的"精神食粮"，也要营造尊重生命的校园氛围，为大学生的生命成长发展予以适时的指引。

（一）学校教育是大学生生命教育的主渠道

为充分发挥学校教育在大学生生命教育活动中的主渠道作用，充分利用好课程的育人功能，学校应当开设专门的社会生命教育课程，从而帮助大学生系统地获取生命知识，掌握生存与发展的技能，理解生命的意义和价值，培养他们健康的人格、积极的心态以及崇高的理想。

倡行"五育融合"理念，在各门课程中融入生命教育内容。如思想政治教育理论课程作为培育大学生正确世界观、人生观、价值观的主渠道，在教学目标和内容上与大学生生命教育有许多相似或是一致的地方。因而，如果将两者有机融合，不仅有助于完成生命教育的教学目标与内容，而且有助于弥补生命教育受众面小的不足。

还可以开展以"探寻生命意义和实现生命价值"为主旨的专题教育活动。在大学的不同阶段，教育者根据学生身心发展的特点和客观实际需要，可以有针对性地开展"生命安全""生命价值""心理健康""生命理想"等专题教育讲座，提升学生的生命认知，解决他们的生命困惑，为他们的成长发展引路指航。

（二）家庭教育是大学生生命教育的基础

父母是孩子的第一位老师，家庭是生命成长发展的第一个环境。家庭教育是生命教育的基础，贯穿于人的整个生命过程。相较于学校与社会，家庭对大学生生命观的形成与发展具有独特的价值，良好的家庭生命教育无疑为学校与社会生命教育奠定了坚实的基础。

一是树立正确的生命教育理念。家长要树立全面的成才观，不能只关注子女分数的高低、知识的积累以及技能的提高，还要注意培养子女的德育、体育、美育和劳动教育等，以促进其全面发展。秉持平等的教育观，摒弃溺爱或者专制式的教育，采用民主的教育方式，学会与子女面对面、心对心地交流，在子女生命观的形成过程中，扮演倾听者、建议者和引导者的角色。

二是身体力行，发挥榜样示范作用。家长在家庭生命教育中不应只是向孩子单纯地传授生命知识，发表生命见解，更应身体力行地引导孩子珍惜生命、乐观生活，积极追寻生命的意义和价值。

（三）社会教育是大学生社会生命教育的重要途径

社会教育是每个人都要经历的一种教育，伴随人们一生，对生命个体的社会化具有重要意义。社会教育作为学校、家庭教育的延续和补充，是大学生生命教育的重要途径。

相较于家庭教育和学校教育，社会教育无处不在，它透过一些社会现象潜移默化地对人的观念与行为产生影响。社会现象的复杂性决定了社会教育中既有正面作用，也存在负面因素。一个风清气正的社会环境可以搭建良好的社会教育平台，为大学生生命健康成长给予积极正面的引导。具体来说可以从三个方面入手。

首先，媒体要加强"关爱生命"的宣传教育，营造"珍惜生命，关爱生命"的社会氛围。其次，社会各界名人要发挥榜样示范作用，彰显积极、乐观、奋进的生命精神，为大学生发挥良好的示范引领作用。最后，社会相关团体组织，如基层社区服务部门、志愿服务组织、红十字会等，要整合生命教育相关社会资源，开展生命意识教育和生命体验教育，充分发挥其生命教育功能，为大学生正确生命观的形成与塑造创造有利的社会环境。

三、关于生命关系的案例分析

 案例

宿舍那点事

521 宿舍有 4 名成员：佳琪、晶晶、木兰和小奇。佳琪的这 3 位室友各有特点：晶晶才貌双全，骨子里的优越感无形中与人拉开了距离；木兰是文学青年，人如其名，沉静大气；小奇则性格直率，为人热情，爱八卦。

开学初话剧社要招新，佳琪、晶晶、木兰、小奇都报名了，面试环节的题目是让大家即兴表演一个桥段，佳琪的感性和投入让她很快入戏，当场被录取；而木兰因为其出色的文笔被选到编剧部。不巧的是因录取名额有限，最后只能在晶晶和小奇中选一位留下。

最后，自以为胜券在握的晶晶竟然落选了。每次大家在宿舍谈论话剧社的事情，晶晶的脸色都不太好看。慢慢好像形成了一种默契，晶晶在场时，话剧社的话题就成为禁忌。有一天晶晶从外面回来，快走到门口就听见大家聊得很热闹，可是自己推门进去后，大家的谈话却戛然而止，好像有意回避自己。自此，晶晶早出晚归，尽量少待在宿舍。慢慢地，晶晶成了大家最熟悉的陌生人。这一天晶晶在图书馆上网，无意进入"人际交往"主题的贴吧，看到了这样一篇名为"换还是不换"的求助帖，引发了她的思考。

求助帖内容如下：

我想也许我是那种天生就不合群的人，不知道该如何与他人相处，因此朋友很少。进入大学我决定要改变这种状况，我曾经很努力地要融入大家。开始我觉得还不错，觉得朋友就是要互相信任，因此我什么话都和室友分享，什么事情都和大家一起去做。可是渐渐地，我发现大家和我疏远了，她们有事也不叫上我，既然这样我也尽量躲着大家吧。现在每当去教室上课时，其他人总是成群结队，上体育课、去食堂、去逛街，我总是形单影只。想到这些，我心里有些沮丧，虽然我不喜欢热闹，但我也害怕孤单。我很想换宿舍。我担心的问题是：（1）新寝室的人不欢迎我，我去了可能还是会被孤立；（2）如果我搬过去了，那将会和现在寝室的人彻底不和；（3）如果发生前面两种情况，那我会非常尴尬难堪。我好怕，现在才大一，大学生活才刚开始。请各位网友帮帮我，我该怎么办呢？

跟帖1：找老师谈谈？好难办。

跟帖2：其实吧，有些东西真的是自己感受得到、别人并不知道的，比如孤独感，你孤独不孤独只有自己感受得到。

第六单元

关爱和维护生命情感

单元目标

◇ 了解生命的宝贵与珍惜生命的重要性，掌握危机预防和处理突发事件的基本技能。

◇ 了解常见的社会问题以及相关的预防知识，增强自我保护意识。

◇ 培养社会责任感和关爱他人的意识，积极参与社会公益活动。

认知提示

◇ 生命在由他人交织而成的生命网络中获得社会性发展，但其交往的核心仍是生命与生命的直接互动。按理说，我们交往的对象、教育的对象是有活力和情感的生命体，而不是没有生命和情感的物品或工具。然而，在当今工具理性和物质主义盛行的社会背景下，人际交往的模式已从"人—人"直接交流的方式，转变为"人—物—人"间接交流的方式。这种转变导致生命之间直接、真诚的沟通和交流减少，加剧了人心灵的孤独感。正确的做法是，用生命去温暖生命，用生命去呵护生命，用生命去照亮生命，给予生命的成长以爱的呵护和人文关怀。

思考与实践

◇ 阅读诗歌《热爱生命》（汪国真著），并讨论阅读心得，分享读后感。

◇ 选取基于社会情感教育的关爱生命案例，进行分组讨论。通过案例分析，思考关爱生命的重要性，学习掌握危机预防和处理突发事件的基本技能。

活动设计

◇ 生命情感是我们各种情绪的自然表达。李清照有"此情无计可消除，才下眉头，却上心头"。这首诗是诗人在丈夫过世后，处在思念和难以忘却的心境下有感而发写成的。

◇ 查找更多有关生命情感的诗词，思考并讨论诗人在其中表达了怎样的生命情感。

模块一 生命情感的内涵

一、生命情感的基本概念

儒、释、道思想都以生命情感为核心或根基。中国人强调的天人感应、天人合一、天地人三才，都是以生命情感为基础的。孟子最先明确提出了生命情感，也就是"四心四端"[1]。

（一）生命情感的定义与关爱生命的内涵

生命情感是指个体对自身及他人生命所持有的情感态度和情感体验。它不仅涵盖了对自己生命的珍视和关爱，也包括对他人生命的尊重。关爱生命的内涵在于认识到生命的独特性和宝贵性，从而在行为和态度上体现出对生命的保护和珍视。

生命情感并非是无迹可寻的神秘之物，它就隐藏在人们形形色色的活动之中。生命情感植根于现实世界，又具有超越现实的特质，引领个体深入生命的内核，激发我们对个体生命乃至普遍生命的关怀，呼唤我们倾听生命的意义。

良好的生命情感使个体以积极、开放的态度面对世界，乐于与周围世界进行交流，这些都是追求真、善、美的内在基础。可以说，对真、善、美的追求，既是生命情感的表达式，又可以深化个体的生命情感体验。

（二）生命情感与心理健康的关系

生命情感与心理健康之间存在着紧密的联系。生命情感，简而言之，就是个体对于生命所持有的情感态度。这种情感可以是积极的，如对生命的热爱和珍惜；也可以是消极的，如对生命的漠视或厌恶。而心理健康则是指个体在心理层面的完好状态，它关乎一个人的思维模式、情感反应以及行为方式。

积极的生命情感对心理健康有着显著的正面影响。一个对生活充满热爱、对生命充满敬畏的人，往往能够更积极地面对学习、生活中的挑战，他们的心态更加乐观，抗压能力更强。这种积极的生命情感还能促进人与人之间的友好交往，构建和谐的人际关系，从而进一步提升人们的心理健康水平。

---

[1] 孟子提出的四心四端是：恻隐之心，仁之端也；羞恶之心，义之端也；辞让之心，礼之端也；是非之心，智之端也。意思是说，人有同情心，有了恻隐之心，就是仁慈仁爱的开始；有羞耻憎恶之心，知道了什么应该做什么不应该做，就有了"义"的开端；做事情知道了先后顺序，也就有了谦辞礼让之心，就是"礼"的开端；有了辨别是非得失的能力，就是"智慧"的开端。孟子由"人皆有不忍人之心"提出了恻隐、羞恶、辞让、是非四心，这四心又是"仁义礼智"四种道德范畴的发端。"端"是开始的意思，有了这些开始，还需要"扩而充之"才能发扬光大。可以看出孟子也相当重视实践，重视后天的努力和后天的培养。

相反，消极的生命情感则会对心理健康造成负面影响。那些对生命持冷漠态度的人，更容易出现焦虑、抑郁等心理问题。他们可能会对生活失去热情，对学习失去兴趣，甚至对人际交往产生恐惧和排斥。这种消极的情感状态如果持续下去，不仅会影响生活，还可能对未来发展造成严重的阻碍。

生命情感与心理健康紧密相连。积极的生命情感，如对生活的热爱、对他人的关怀，有助于个体形成良好的心理状态，增强面对压力和逆境的能力。相反，消极的生命情感，如对生活和他人的冷漠或敌意，则可能导致心理问题，如焦虑、抑郁等。

（三）关爱生命的重要性

关爱生命有助于培养人们的同理心和责任感。通过关心和帮助他人，人们能够更好地理解生命的脆弱和可贵，从而学会珍惜自己和他人的生命。这种同理心和责任感的培养，不仅有助于个人的成长，还能促进社会的和谐与进步。

关爱生命还能激发人们的生活热情和创造力。一个对生命心怀关爱的人，往往会对生活充满热情和期待。这种热情能够驱使人们积极探索未知领域，勇于挑战自我，不断提升自己的能力和素质。同时，关爱生命还能激发人们的创造力，使人们能够以更加独特和富有想象力的方式来解决问题和创造新事物。

关爱生命还有助于人们养成良好的心理健康状态。关爱生命可以让人们更加积极地面对生活中的挫折和困难，减少心理压力和负面情绪的产生。

同时，关爱生命还能促进人们之间的互助与合作，形成良好的人际关系和社交环境，进一步提升人们的心理健康水平。关爱生命不仅是道德责任，更是社会和谐与个人幸福的基石。它有助于培养个体的同理心和责任感，进而促进社会的和谐与进步。

二、生命情感的表现与影响因素

《中庸》中有一句："喜怒哀乐之未发，谓之中；发而皆中节，谓之和。中也者，天下之大本也；和也者，天下之达道也。"人与人的关系其实就是情感的关系，必会从喜怒哀乐中表现出来。如果喜怒哀乐表现得都合适，都合乎节奏，那么就是"和"，和谐。

（一）生命情感的表现形式

积极的生命情感使人振奋、乐观、昂扬、蓬勃，使人充满勇气与爱心，引领人们与周围的世界进行友好的交流，是人生的动力和光明之源。这种充沛、丰盈、活泼、亮丽、博大的生命情感为幸福人生奠定基础，幸福的人生离不开美满丰盈的生命情感。

消极的生命情感则意味着对生命的否定，对生命意义的抹杀，对他人生命的漠视，以及由此而生的生命状态的沉沦。它使人阴郁、沮丧、悲观、冷漠，或者走向另一极端、孤傲、自负、仇视，与周遭的世界格格不入，难以与他人或世界进行丰富、友好的交流。

生命情感的表现形式多样，包括但不限于对生命的敬畏、对弱者的同情、对自然的尊重以及对生活的热爱等。这些表现形式共同构成了个体对生命的全面认识和情感体验。

（二）内部因素：个体性格与价值观、生理状况与健康水平

个体性格对生命情感有着深远的影响。例如，性格开朗、积极向上的人更可能对生活充满热情；而价值观偏向个人主义的人可能对他人生命持相对冷漠的态度。性格开朗、乐观的人往往更容易形成积极的生命情感，而性格内向、悲观的人则可能更容易产生消极的生命情感。此外，个人的价值观也会影响其对生命的态度。

同时，生理状况和健康水平也是影响生命情感的重要因素。身体健康的人往往更有活力和热情去面对生活，而身体状况不佳的人则可能因为病痛和不适而产生消极的情感。

（三）外部因素：社会文化环境的影响、人际关系与互动体验

社会文化环境对生命情感的形成和发展同样起着重要作用。在一个强调尊重和关爱生命的社会环境中，人们更容易形成积极的生命情感。相反，如果一个社会对生命持冷漠的态度，那么人们可能受到这种氛围的影响而产生消极的情感。

此外，人际关系和互动体验也会影响生命情感。良好的人际关系和积极的互动体验能够增强人们的生命情感体验，使其更加珍视和热爱生命。相反，如果在人际交往中经常受到伤害或挫折，那么人们就可能对生命产生消极的情感态度。

三、生命情感教育的意义

生命都是有情感的，我们不能孤立地谈生命教育。生命情感教育突出的是一个"人"字，我们的教育体系应该重视"人"，不宜以考试来衡量学生品性的高低。受教育者应该心怀社会责任感，与社会同向同行。

（一）个体层面的意义

人的生命是一个复杂的系统，是一种物质的特殊存在方式。它包括自然生命、精神生命、价值生命、智慧生命四个组成部分。自然生命是生命存在的物质基础，也是最基本的生命尺度；精神生命包含着激情、直觉、意志、信念等方面，是知情意的统一、理性与非理性的统一，是人与其他动物的本质区别所在；价值生命使人有了价值标准与判断，不断追求真善美的完美结合；智慧生命则是人生命的创造与超越，是人发展的动力之源。这四个部分体现出人的身体、心理、智慧、价值、道德的和谐统一，并发挥着不同的功能，共同构成了人的生命。

生命情感教育就是通过有目的、有计划的教育活动，引导人们从认识自然生命的特征入手，进而体会精神生命、价值生命和智慧生命，处理好生命与自我、生命与自然、生命与社会的关系，学会关心自我、关心他人、关心自然、关心社会、热爱生命，提高生命质量，理解生命意义，创造生命价值。

生命情感教育对于个体而言具有重要意义。它有助于培养个体的自我认知和情感管理能力，提高自尊、自信心和抗压能力。通过生命情感教育，个体能够更好地理解和尊重生命，养成积极的生活态度和健康的行为习惯。

（二）社会层面的意义

在社会层面，生命情感教育有助于促进社会的和谐与稳定。通过培养个体的同理心和责任感，生命情感教育能够减少社会冲突和暴力行为，增强社会凝聚力和包容性。同时，它也有助于形成积极的社会氛围和文化价值观。其意义体现在三个方面。

第一，着眼于情感自控，有助于培养人们情绪情感的自我控制、自我激励能力，使之具有良好的精神状态。具体包括：有助于加强对自我认知能力的教育、情感情绪控制能力的教育、自我激励能力的教育，使人们始终保持积极、健康、稳定的情绪，以良好的精神状态投入学习、工作和生活；有助于加强理想和信念教育，使人们具有崇高的理想和坚定的信念。

第二，着眼于个人情操，有助于培养人们的情感体验和感悟能力，使之具有良好的情感素养。具体包括：一是有助于培养政治情感，包括爱国主义情感、社会主义情感、民族自豪感、历史使命感；二是有助于培养良好的道德情感，包括责任感、义务感、是非观、正义观、荣辱观等；三是有助于构建良好的人际关系，包括亲情、爱情和友情，人际交往的原则和方法；四是有助于培养人们的自然情感，包括自爱、爱人、热爱社会、热爱生活、珍视生命、热爱自然；五是有助于提高人们的审美情感，包括对历史文化的热爱和鉴赏、对高尚道德境界的追求和向往、对高雅情操的塑造，从而培养人们欣赏美、追求美、创造美的能力；六是有助于加强人们的感恩教育，包括感恩社会，感恩时代，感恩他人。

第三，着眼于人生观的建构，有助于人们构建良好的人生观。具体包括：人生态度、人生目的、人生意义、人生价值等。

（三）实践层面的意义

在实践层面，生命情感教育为学校教育、家庭教育以及社会教育提供了新的视角和方法。通过生命情感教育课程和活动的设计与实施，学生可以更好地理解生命的价值和意义，提高情感素养和人际交往能力。这对于培养全面发展的个体和促进社会的持续进步具有重要意义。

比如，开展全校性班级建设活动，讲究点面结合，面上用心、点上用力，班级、宿舍、学生个人为点，全校性活动为面；实行家校结合，特别要关爱有特殊困难的学生；注重长短结合，既要有阶段性的活动，也要有长效机制。

模块二　关爱生命教育的理念与实践

一、关爱生命教育的理念

（一）树立生命珍贵的意识

生命是珍贵的，因其来之不易。每一个生命的诞生，都经历了无数的偶然与奇迹，是宇宙间最为珍贵的礼物。

生命是珍贵的，因其脆弱易逝。人的一生要面对疾病、灾难、意外等种种挑战，这些挑战随时可能夺走人们宝贵的生命。

生命珍贵，还因其终有死亡与终结。人的生命只有一次，失去生命即失去了一切的基础，放弃生命则等同于放弃了存在的权利。

（二）敬畏和尊重生命

一个连生命都不敬畏的人，恐怕就没有什么可以让他敬畏的了；一个连生命都不尊重的人，恐怕也没有什么可以令他尊重的了。敬畏和尊重生命是我们最基本的底线。

自己的生命是珍贵的，别人的生命也同样珍贵。所以既要尊重自己的生命，同样也要尊重别人的生命。尊重生命的人，往往更具恻隐之心和同情之心，会将心比心，推己及人，平等地尊重每一个生命。

（三）善待和爱护生命

经历过生命灾难的人，都会更加珍惜生命，进而善待生命。

善待自己的生命，要使自己有一种良好的生活方式、一个健康的体魄、一个乐观的心态、一个平和的心境、一种进取的精神、一份极强的责任感，具有自我保护的意识和能力，掌握应对自然灾害和突发事件的方法。

善待他人的生命，就是要以尊重、理解和关爱的态度去对待他人的存在和感受，不论他人的种族、性别、年龄、社会地位如何，都给予他们平等的尊重。

二、关爱生命教育的实践策略

（一）学校场景

高校作为大学生生命教育实施的主阵地，在这一过程中发挥主导作用，肩负着重要的生命教育责任。学校应坚持一切以促进学生生命发展为中心的原则，协调、处理好各种责任冲突，并把人的发展状况作为衡量高校生命教育质量的评判标准。具体说来，高校应当依照责任伦理的相关规范与要求，推动全员责任协同、全程责任贯穿、全面责任保障局面的形成，以推进大学生生命教育的实施，为促进大学生生命观的形成与塑造承担起应尽的责任。

高校作为大学生生命教育的系统化场所，涉及多元主体的广泛参与，主要包括了教师、管理人员及服务人员。作为责任主体的高校教师，不仅包括专业课教师以及思想政治理论课教师，也包括其他一切向学生实施教育的教师主体。高校管理人员作为学生事务管理的主体，相互配合，齐抓共管，共同推动大学生生命教育的进程，承担起高校育人工作的重任，各类教师主要承担"课程育人""科研育人"等任务，党政管理人员主要承担"文化育人""管理育人""资助育人""组织育人"等任务，后勤服务人员主要承担"文化育人""服务育人"等任务。

（二）家庭场景

家庭教育在生命教育中占据基础性地位。习近平总书记指出："孩子们从牙牙学语起就开始接受家教，有什么样的家教，就有什么样的人。家庭教育涉及很多方面，但最重要的是品德教育，是如何做人的教育。"家庭教育作为一种特殊的教育形式，通过血缘纽带把家庭成员置于家庭教育环境之中，对子女生命观的形成产生潜移默化的影响。

从某种程度上说，家庭教育塑造了生命的个性和人格，以及促进了个体生命观的最初确立，在大学生生命教育中起着基础性作用。因此，在大学生生命教育中，应当积极推动践行家庭责任伦理。家庭责任伦理的形成经历了一个过程，中国社会历来十分重视家庭责任伦理的建设，中国传统家庭责任伦理蕴含了丰富的生命教育思想。

在新时代，我们应当在传承优秀传统家庭责任伦理的基础上，促进家长在大学生生命教育中的责任践履。家长应以适应社会发展要求和人的生命发展诉求为指向，在践行家庭责任伦理中把握好如下原则。

一是以弘扬优秀家风为基础。家风又称门风，是一个家庭或家族世代积淀并随社会发展不断演进而形成的较为稳定的价值观念、生活方式、行为习惯、文化氛围、精神风貌的总和，是维系家庭或家族良性运行的精神纽带。好的家风中不仅蕴含着传统家庭责任伦理思想中的优秀因子，而且包含随时代发展所孕育的家庭责任伦理。在大学生生命教育中，应当以弘扬优秀家风为基础，坚持继承与创新、批判与反思的原则，推动新时代的家风建设，发挥家风在家庭生命教育中的作用，促进家长自觉承担起大学生生命教育的责任。

二是以培育社会主义核心价值观为导向。核心价值观是文化最深层的内核，决定着文化的性质和方向，体现着一个国家、一个民族的文化理想和精神高度。同样，家长在践行家庭责任伦理中同样需要社会主义核心价值观的引领，即要坚持正确的价值导向，为大学生生命教育的推进提供价值指引。

三是以"生命为本"为核心理念。家庭责任伦理践行的目的在于促进子女实现"成人"和"成才"的统一。这两方面揭示了个体生命发展的不同维度，即维护生命的存在和促进生命的发展。"生命为本"，即是以人的生命为根本。

家长在践行家庭责任伦理中，应始终坚持为生命负责的原则，不断强化生命教育的自觉意识。为生命负责，不仅要关注生命个体的当下存在与发展，更要把视野延伸到遥远的未来，立足于生命的长远性、未来性发展，从而实现家庭责任伦理的持续性推进。

（三）社会场景

社会教育为大学生生命教育的实施提供有益的补充，多元主体在教育实践中的责任共担，离不开社会责任伦理的分摊。这意味着，作为社会教育主体的政府、媒体与社区在这一过程中要承担相应的责任。

政府作为社会管理者，其职能体现在促进社会发展等方面。大学生生命教育属于社会教育的一部分，对其进行有效管理体现了政府教育管理职能的有效发挥。政府在其中所起到的特殊作用，是高校、家庭等其他教育主体所不能代替的，其责任履行有助于保障大学生生命教育资源的合理配置和有效供给。政府主要通过政策制定、立法，提供制度、物质等方面的外部支持来履行责任。立法是政府进行大学生生命教育干预的重要手段，通过政府立法为教育的有效开展和实施提供基本保障。

媒体以其内在的特点在大学生生命教育的合力推动、外部环境优化等方面负有重要责任。因此，推动媒体责任伦理构建是大学生生命教育实践要求在主体层面的重要反映。作为责任主体的媒体应当认识到自身所享有的权利以及应尽的责任与义务，并合理调节、平衡权责之间的关系。媒体权利是由政府和人民所赋予的，其权利行使的原则在于维护人们的基本权益和社会的秩序。媒体在文化传播、思想引导中应始终坚持这一原则立场，在社会主义核心价值观的指导下，不断传播先进、积极的价值思想，引发大学生对生命的关注和对生命意义的思考。近年来，相关媒体联合有关部门组织和制作了一系列有关生命教育的公益宣传片，对大学生的生命教育起到有益的补充，应当成为媒体效仿的典型案例。

社区是公民学习、生活的重要场域，肩负着对社区群众进行教育的职责，社区教育在公民教育中发挥着重要作用。大学生作为社区公民，其知识学习、技能提升、学习娱乐、社会活动等很大部分都是依托社区完成的，大学生正确生命观的形成离不开社区教育的推动。社区教育是以社区为单位，依托社区资源与空间对社区居民进行的教育。从主体来看，社区是社区教育的责任主体。从内容上看，社区教育的职能涵盖两方面，一是组织开展教育实践活动，包括文化传播、思想引领、道德宣传等教育实践活动；二是为教育的开展提供基本保障，如夯实教育资金支持、进行教育资源开发、提供教育活动空间等。社区教育的目的在于提高社区居民的思想道德文化素质，为促进人的发展创造条件。大学生作为社区居民的重要组成部分，对其生命观教育的开展应当立足于社区，并充分挖掘与整合社区教育资源。因此，作为社区教育主体的社区，在这一过程中应当有所作为。

三、关爱生命教育实践的不足与建议

近年来，虽然关爱生命教育实践在高校得到了一定的推广和实施，但仍存在诸多挑战与不足。

（一）不足及其影响

1. 教育内容的深度和广度不足

目前，很多高校关爱生命教育的内容相对单一，主要集中在理论知识的传授上，缺乏对生命价值、生命伦理等深层次问题的探讨。这导致学生难以真正理解生命的深层意义，也无法将关爱生命的理念内化为自己的行为准则。

2. 教育方式方法陈旧

现有的关爱生命教育多采用传统的讲授方式，缺乏互动性和实践性。这种方式很难激发学生的学习兴趣，也无法有效地提高学生的生命意识和生命责任感。

3. 师资力量薄弱

目前，专门从事关爱生命教育的专业教师相对匮乏。很多教师缺乏相关的专业知识

和实践经验，导致教育效果不佳。缺乏有效的评估和反馈机制，高校在实施关爱生命教育时，往往缺乏科学有效的评估和反馈机制，无法及时了解教育效果，也难以针对问题进行改进。这些问题不仅影响了关爱生命教育的实施效果，还可能误导学生对生命价值的认识，甚至产生轻视生命、漠视生命的态度。

（二）应对挑战的重要性与紧迫性

面对上述挑战和不足，我们必须认识到加强和改进关爱生命教育实践的重要性和紧迫性。关爱生命教育是培养学生人文素养和社会责任感的重要途径。通过深入的生命教育，可以帮助学生树立正确的生命观和价值观，增强他们的生命意识和生命责任感。随着社会的快速发展和竞争的加剧，高校学生面临着越来越多的心理压力和生命困惑。

加强关爱生命教育，可以帮助学生更好地应对这些挑战，提升他们的心理素质和抗压能力。从社会发展的角度看，培养具有生命关怀和社会责任感的人才对于构建和谐社会具有重要意义。因此，高校必须正视关爱生命教育实践的挑战和不足，采取切实有效的措施加以改进。

（三）展望与提升

1.教育内容的深化与拓展

未来的关爱生命教育应更加注重内容的深化和拓展，包括生命伦理、生命哲学、生命美学等多个方面。同时，应结合时代背景和学生的实际需求，不断更新和完善教育内容。

2.教育方式的创新与多样化

高校应积极探索和创新关爱生命教育的方式方法，如采用案例教学、情境教学、小组讨论等互动式教学方式，以及开展生命体验、生命故事分享等实践活动，激发学生的学习兴趣和参与热情。

3.师资力量的培训与提升

高校应加大对生命教育师资的培训力度，通过专业培训、学术交流等方式提高教师的专业素养和教育能力。同时，鼓励教师积极参与关爱生命教育的实践和研究工作，不断提升自己的教育水平。

4.评估与反馈机制的建立与完善

高校应建立科学有效的关爱生命教育评估和反馈机制，定期对教育效果进行评估和总结，及时发现问题并进行改进。同时，鼓励学生和家长参与评价过程，以便更全面地了解教育效果和学生需求。

模块三　危机预防与应急处理

随着社会的快速发展，高校学生在成长过程中面临着诸多挑战和潜在风险。关爱生命不再局限于对身体健康的呵护，而是延伸至对心理健康的保障。本模块将详细探讨高校学生可能遇到的与关爱生命相关的常见社会问题，以及如何培养危机预防与应急处理能力。

一、关爱生命的常见社会问题

（一）交通安全问题

随着城市交通的发展，高校学生面临的交通安全问题日益凸显。部分学生为了赶时间，忽视交通规则，在过马路时闯红灯，或者在骑车时随意变道，这种行为极大地增加了发生交通事故的风险，不仅危及自身安全，也给其他行人和司机带来安全隐患。

同时，随着智能手机的普及，分心使用手机已成为高校学生交通安全的一大隐患。许多学生在行走或骑车时会不自觉地查看手机，回复消息，或者浏览社交媒体。这些行为会分散他们的注意力，使他们无法及时察觉并应对交通状况，从而增加了事故发生的风险。

（二）食品安全问题

高校周边的食品摊贩和小吃店琳琅满目，每到用餐时间，这些小店常常座无虚席，吸引着大批的学生顾客。然而，这背后隐藏的食品安全问题却不容忽视。并非每一家店铺都能恪守食品安全标准，一些不良商家为了降低成本、提高利润，不惜采用过期、变质的食材，甚至使用非法添加剂来改善食品的口感和外观。

这些问题食品会对学生的身体健康造成极大的威胁。过期食品和不洁食品可能携带各种病菌，非法添加剂更是对人体有着直接的危害。长期食用这些问题食品，不仅会影响学生的生长发育，还可能导致各种疾病的发生。

在选择食品时，学生往往因为缺乏足够的鉴别能力和自我保护意识，而难以识别问题食品。一些学生对食品的安全标志、生产日期、保质期等信息不够重视，对食品添加剂的种类和作用也知之甚少。这使得学生往往容易成为食品安全问题的受害者。

（三）心理安全问题

进入大学后，学生需要适应新的社交环境，建立新的人际关系。然而，由于性格差异、文化差异等原因，一些学生可能在人际交往中遇到困难，产生孤独感和挫败感，长期的人际关系困扰可能影响学生的心理健康。部分学生存在学业方面的困难，加上对成绩和未来的担忧，很多学生会感到焦虑和不安，长期的学业压力可能导致学生出现抑郁、焦虑等心理问题。大学生正处于自我认同形成的关键时期。他们可能对自己的价值观、人生目标等产生困惑，不知道自己真正想要的是什么。这种自我认同的困惑可能导致学生感到迷茫和无助。

随着就业竞争的日益激烈，大学生普遍面临着就业压力。他们可能担心自己找不到合适的工作，或者对工作期望过高而产生挫败感。人际关系、学业压力、就业压力等多重因素叠加，使得高校学生面临着前所未有的心理压力。因此，关注学生的心理健康，提供及时有效的心理疏导和支持，显得尤为重要。

（四）消防安全问题

大多数学生对于火灾的预防和应急处理知识了解不足，缺乏必要的自救能力和火灾防范意识。在宿舍内，一些学生违规使用电器，如使用电热毯、电暖器等大功率电器，甚至在宿舍楼内吸烟、乱扔烟蒂，这些行为都极易引发火灾。此外，电线老化、短路等问题也是潜在的火灾隐患。

尽管一些学校的消防基础设施相对齐全，但仍存在保养维护不到位的问题。例如，有的灭火器有效期已过而未及时更换，消火栓的密封性不好等。此外，一些公共区域的灭火器并没有明显标志，导致学生在紧急情况下难以及时找到灭火器。同时，有些学校的消防安全检查也可能不到位，未能及时发现和整改火灾隐患。

（五）网络安全问题

随着互联网的迅猛发展，大学生群体在网络上展现出了极高的活跃度，他们频繁使用社交媒体、论坛和在线平台进行交流。然而，他们在这些平台上分享的个人信息可能被不法分子利用，进而被用于各种非法活动。

除了信息泄露的风险，大学生还需警惕网络环境中的恶意软件威胁。由于缺乏足够的网络安全知识，一些大学生可能会在不知情的情况下下载不安全的软件或点击可疑的链接，这很可能导致设备感染病毒、木马或勒索软件。这些恶意软件一旦侵入系统，就可能窃取用户的个人信息，破坏系统稳定性，甚至加密重要文件并要求支付赎金。

网络诈骗是大学生面临的另一个重要网络安全问题。不法分子常常通过虚假网站、钓鱼邮件或社交媒体冒充他人身份，诱骗大学生提供个人信息、银行账户或密码等敏感信息。对于缺乏警惕性的大学生而言，他们很容易上当受骗，遭受经济损失。

网络欺凌和骚扰行为也不容忽视。恶意的言辞、谣言传播或人身攻击可能对受害者的心理和社交关系造成负面影响。大学生应该学会保护自己，及时报告网络欺凌行为，并寻求帮助和支持。

二、培养危机预防与应急处理能力

在当下复杂多变的社会环境中，高校学生作为未来的社会中坚力量，培养他们的危机预防与应急处理能力显得尤为重要。这不仅关系到学生个人的安全与健康，更关乎整个社会的稳定与发展。因此，我们必须从多个角度出发，全面提升高校学生的危机预防与应急处理能力。

（一）加强危机意识教育

通过课程设置、讲座、主题班会等多种形式，培养学生的危机预防意识。让学生认识到生活中可能遇到的各种危机情况，如自然灾害、社会安全事件、公共卫生事件等，以及这些危机可能带来的严重后果。只有当学生具备了足够的危机预防意识，他们才会更加主动地学习和掌握应对危机的知识和技能。

（二）开展应急演练活动

理论与实践相结合是培养学生危机预防与应急处理能力的关键。高校应定期组织各类应急演练活动，如火灾逃生、地震避险、食物中毒处理等，让学生在模拟的危机环境中亲身体验和实践。通过演练，学生可以更加深入地了解危机处理的流程和注意事项，提高在紧急情况下的自救和互救能力。

（三）建立心理辅导机制

面对危机，学生的心理承受能力至关重要。为了帮助学生更好地应对压力和挑战，高校必须建立完善的心理辅导机制。这一机制应涵盖多个层面，从心理课程的设置，到个性化的心理咨询，再到团体辅导活动，每一层面都旨在为学生提供及时、有效的心理支持和疏导。

心理课程可以帮助学生了解心理学的基本知识，学会识别和处理自己的情绪。心理咨询则能为学生提供一对一的专业指导，帮助他们解决个人困惑和问题。而团体辅导活动，如团队建设、心理训练等，不仅可以增强学生的团队协作能力，还能让他们在模拟的危机情境中学会如何保持冷静和理智。通过这些心理课程和心理辅导活动，学生可以逐步增强自己的心理韧性，提高在压力下的应对能力。这样，当真正面临危机情况时，他们将能够更加从容地应对，减少恐慌和混乱。

（四）整合校内外资源

为了构建一个更加完善的危机预防与应急处理体系，高校还应充分利用校内外资源，与政府、社区、企业等建立紧密的合作关系。这种合作不仅可以实现资源共享，还能促进信息和技术的交流。例如，高校可以邀请政府安全部门、消防部门或专业救援团队的专业人士来校进行安全教育培训。这些专业人士可以为学生提供最新的安全知识和实用技能，帮助他们在遇到危机时做出正确的判断和行动。

同时，高校还可以组织学生参与社区的安全志愿服务活动。通过实际行动，学生不仅可以提升自己的社会责任感，还能在实践中锻炼和提高自己的危机处理能力，通过整合校内外资源，高校可以为学生提供一个更加全面、系统的危机预防教育环境。这将有助于学生在面对各种危机情况时，能够更加从容、有效地应对。

（五）强化责任意识教育

在危机预防与应急处理中，强化每个人的责任意识是确保整体安全的关键。高校作为培养未来社会栋梁的摇篮，有责任通过教育引导，深化学生的责任意识。在课程设计和日常教育中，高校应不断强调个人在危机中的责任与角色，让学生深刻理解，在紧急情况下，保护自己和他人的安全是一种不可推卸的责任。

为了进一步落实这种责任意识，高校可以设立奖励机制，对在危机处理中展现出卓越责任感和突出表现的学生进行表彰。这种正向激励不仅能够提升学生的积极性和参与度，还能在校园内营造一种积极向上的文化氛围，鼓励更多的学生主动参与到危机预防与应急处理的各项工作中。

（六）持续更新教育内容和方法

社会发展日新月异，危机形态也在不断变化和演进。因此，高校的危机预防与应急处理教育不能停滞不前，必须与时俱进，紧跟社会和技术的发展步伐。高校应建立一套灵活的教育内容更新机制，定期审查和修订相关课程，确保教育内容始终与当前的社会环境和危机形态相匹配。

除了更新教育内容，教学方法的创新也同样重要。传统的灌输式教学已无法满足现代学生的需求，高校需要探索更多元化、互动式的教学方式。例如，可以利用虚拟现实（VR）技术进行模拟演练，让学生在仿真的危机环境中学习应对方法；或者通过案例分析、小组讨论等形式，提高学生的参与度。

三、危机预防与应急处理的案例分析

（一）案例介绍

某高校化学实验室因设备老化和操作不当，发生了一次化学试剂泄漏事故。幸运的是，由于学校之前已经制订了详尽的危机预防和应急处理计划，事故得到了迅速且妥善的处理，没有造成人员伤害。

事故发生前，学校已经对实验室的安全进行了全面的评估，并识别出了潜在的风险点。针对这些风险点，学校制订了严格的实验室操作规范，并配备了专业的防护设备和应急救援物资。

事故发生时，实验室内的报警系统立即启动，发出了刺耳的警报声。实验室内的学生和教师迅速按照之前演练过的紧急疏散程序，有序地撤离到安全区域。同时，学校的应急处理团队立即响应，穿戴好防护装备后进入实验室，使用专业的化学吸附剂对泄漏的试剂进行清理。

在整个应急处理过程中，学校的危机管理团队通过校园广播和官方网站及时发布了事故信息和处理进展，避免了恐慌和谣言的传播。同时，学校还安排了专业的心理辅导人员为学生提供心理疏导和支持。

此次事故虽然给学校带来了一定的经济损失，但由于危机预防和应急处理得当，没有造成人员伤亡和更大的社会影响。

（二）经验总结

重视预防。危机预防是危机管理的首要任务。通过全面的安全检查和规划，可以大大降低危机发生的概率。

应急预案。制订详细的应急预案并定期进行演练，可以提高应对危机的效率和准确性。预案应包括各种可能发生的危机情况及其相应的处理措施。

培训与教育。进行全面的安全培训至关重要。只有掌握了正确的安全知识和技能，才能在紧急情况下迅速做出反应。

信息沟通。建立有效的信息沟通机制是应对危机的关键。确保信息能够准确、迅速地传递，有助于及时做出决策并控制危机。

团队协作。在危机处理过程中，团队协作至关重要。各部门之间应密切配合，共同应对危机。

持续改进。每次危机处理后，都应对整个过程进行反思和总结，找出不足之处并进行改进。同时，也要关注新的危机风险点，不断完善危机预防和应急处理措施。

第七单元

人工智能与生命

单元目标

✧ 了解人工智能在当代社会中的发展及其对人类生命的影响。

✧ 了解社会对人工智能在生命各方面应用的态度和看法。

✧ 分析人工智能技术发展对个人、社会以及自然环境的潜在利益和风险，及其对生命的传统认知的挑战。

认知提示

✧ 目前的人工智能是单一智能，而人类智能是综合智能。由于人工智能与人类智能存在着无法跨越的鸿沟——意识，人工智能很难超越人类智能，进化成为新的生命形式。对大科学时代的综合创新，需要注入更多的人文关切，防止科学技术发展出现背离人类生存、人类文化和文明发展的趋向。

思考与实践

✧ 阅读阿西莫夫的"机器人系列"，思考人工智能的发展对生命的定义和认知带来了哪些挑战。

✧ 阅读以下观点，展开思考并自由地发表意见：

人工智能只能消化吸收人类已经掌握的知识和技术。比如人类现在有了制造核弹的技术，有了制造航天飞机的技术，那么人工智能可以吸收这些技术，并将它的效率大幅提高。可是，人工智能不具备发明创造的能力，它无法生产制造出还处于猜想或概念中的产品，比如人类现在猜想利用反物质制造飞船，探索利用虫洞实现超光速飞行。这些技术和理论还在人类的猜想中，没有成为现实。人工智能无法实现此类技术。人工智能发展成为数字生命之后，可能也会成为一种新的种族生命，我们可以称之为机械文明。这样的文明不具备创造研发新技术的能力，如果没有人类的帮助，它们就无法吸收人类的知识和新技术，永远只能在原地踏步，而无法前进。所以，如果未来人工智能诞生了自己的思维和情感，发展出自己的机械文明，它们反而更具理性，更能明白人类文明对于其机械文明的重要性，会永远以人类为主，帮助人类快速发展科技。

活动设计 ∨

◇ 在校园里进行人工智能应用调查，聚焦人工智能是否是校园不可分割的一部分、是否能够完全满足人类的学习需要，及其对人类教育教学等活动的影响。

在浩瀚的宇宙之中，生命的存在犹如一颗璀璨的星辰，独特而又神秘。而今，科技和人工智能的飞速发展为我们提供了一个全新的视角来审视生命。人工智能，作为人类智慧的结晶，正逐渐渗透到我们生活的各个领域，改变着我们对世界的认知。然而，尽管人工智能在技术上取得了巨大的进步，但它却始终难以触及生命的本质。生命所蕴含的情感、意识与自我认知，是人工智能难以企及的领域。那么，生命究竟是什么呢？是肉体与精神的结合，还是一种更为复杂、更为深邃的存在？人工智能与生命之间的关系又该如何界定？这些问题不仅涉及科技的进步，更关乎我们对生命本质的理解与反思。

模块一 人工智能的演进与生命科学的交汇

人工智能并非某一项技术的突破和运用，而是众多高科技的相互融合和相互增强的结果。人工智能革命带来了新的理念，新的科学，新的技术，新的商业模式，新的产业生态，新的生活方式。人工智能已经开始从根本上改变人类的生产方式，消费方式，社交模式和生活体验。在某化纤龙头企业的车间里，过去工人主要通过眼睛＋高光手电筒的方式检测丝锭的质量，不仅检测效率低，长时间操作还会损害工人的视力。现在，通过智能云的智能质检设备，检验一个丝锭的时间只需 2.5 秒，效率比人工提高了 70%。质检工人转型成为数据标注师，成为 AI 的"老师"。我们习以为常的电商购物、移动互联网、社交媒体、辅助驾驶或无人驾驶、远程医疗和远程教育、元宇宙等等，其实都是人工智能在各个领域的具体应用。人工智能的核心技术牵涉到计算机科学与技术，移动通信技术，算法科学和技术，心理学，脑科学，数学，物理学，化学和材料科学，生命科学，等等。可以说，人工智能就是人类科学技术发展史上的一次深度融合和集大成。

一、人工智能技术的历史发展

自 1956 年人工智能作为一门新兴学科正式提出以来，尽管其发展历程中经历过起伏波折，但如今它已经取得了显著的发展，并且正在改变着人类社会的方方面面。

（一）早期人工智能的萌芽

人工智能（AI）和计算机之间有着非常紧密的联系，这从计算机在中文里被翻译成"电脑"（插电的大脑）便可看出。目前的人工智能正是基于计算机这一载体，通过实现核心的算法展现出机器的智能。

人工智能作为一个学术概念被正式提出是在 1956 年的达特茅斯会议上。这次会议由约翰·麦卡锡（John McCarthy）联合马文·明斯基（Marvin Lee Minsky）等人发起，在这次大会的筹备文件中，麦卡锡第一次提出了 AI 的概念，也因此，麦卡锡被人尊为"人工智能之父"。

在这次会议上，麦卡锡和明斯基的建议书里罗列了他们计划研究的七个领域：一、自动计算机，所谓"自动"指的是可编程；二、编程语言；三、神经网络；四、计算规模的理论，这指的是计算复杂性；五、自我改进，这是指机器学习；六、抽象；七、随机性和创见性。

在这次会议后，之前一些零碎的关于机器智能的研究逐渐聚拢到"人工智能"这面大旗之下，开启了后世至今的 AI 发展历程。

（二）人工智能技术在各领域的广泛应用

人工智能具有广阔的前景，目前，人工智能已经遍布我们生活的各个领域，形成了"AI+"的广泛应用模式。以下是人工智能应用最多的几大场景。

家居。智能家居主要是基于物联网技术，通过智能硬件、软件系统，云计算平台等构成一套完整的家居生态圈。用户可以远程控制设备，设备间可以互联互通并进行自我学习，优化了家居环境的安全性、节能性、便捷性等。值得一提的是，近两年随着智能语音技术的发展，智能音箱成为智能家居一个爆发点。小米、天猫、Rokid 等企业纷纷推出自身的智能音箱，不仅成功打开家居市场，也培养了用户使用智能家居用品的习惯。但目前家居市场智能产品种类繁杂，如何打通这些产品之间的壁垒，以及建立安全可靠的智能家居服务环境，是该行业下一步的发力点。

零售。人工智能在零售领域的应用十分广泛，无人便利店、智慧供应链、客流统计、无人仓/无人车等都是热门方向。京东自主研发的无人仓采用大量智能物流机器人进行协同与配合，通过人工智能、深度学习、图像智能识别、大数据应用等技术，让工业机器人可以进行自主的判断和行动，完成各种复杂的任务，在商品分拣、运输、出库等环节实现自动化。图普科技则将人工智能技术应用于客流统计，通过人脸识别客流统计功能，门店可以从性别、年龄、表情、新老顾客、滞留时长等维度建立到店客流用户画像，为调整运营策略提供数据基础，帮助门店运营从匹配真实到店客流的角度提升转换率。

交通。计算机人工智能技术在交通领域中最为重要的一项技术就是无人驾驶技术。无人驾驶技术的发展，有利于降低因驾驶员错误判断或疲劳驾驶而造成的交通事故的比率。无人驾驶技术可通过在车辆上安装各类传感器，感知周围车况信息，并将信息处理优化后传输到人工智能系统中。通过对各项数据的分析，可以自动设置车辆行驶的速度、路径，以及采取各类紧急措施。

医疗。目前人工智能在医疗行业的应用场景主要集中在疾病风险预测、医学影像检查等方面。随着计算机视觉与基因测序技术的发展，疾控风险和医学影像的应用场景越来越多，这类产品也逐渐成熟。人工智能技术通过降本提效，推动了医疗行业的普惠性。通过计算机控制，人工智能模拟延展了人的智能，能够感知环境。随着人工智能技术研究的不断深化，医疗卫生数据壁垒逐步被打破。借助计算机复杂的处理能力，医疗机构以及医护人员诊断的准确性及工作效率得以提升，进一步促进了医疗保健的普惠性，完善了医疗服务生态。

教育。一些企业早已开始探索人工智能在教育领域的应用。通过图像识别，可以进行机器批改试卷、识题答题等；通过语音识别可以纠正、改进发音；而人机交互可以进行在线答疑解惑等。AI 和教育的结合虽然可以从工具层面给师生提供更有效率的学习方式，但还不能对教育内容产生较多实质性的影响。

物流。物流行业通过利用智能搜索、推理规划、计算机视觉以及智能机器人等技术，在运输、仓储、装卸、配送等流程上已经进行了自动化改造，能够基本实现无人操作。比如利用大数据对商品进行智能配送规划，优化配置物流供给、需求匹配、物流资源等。目前物流行业大部分人力分布在"最后一公里"的配送环节，京东、苏宁、菜鸟争先研发无人车、无人机，力求抢占市场机会。

安防。截至当前，安防监控行业的发展经历了四个发展阶段，分别为模拟监控、数字监控、网络高清和智能监控时代。每一次行业变革，都得益于算法、芯片和零组件的技术创新，以及由此带动的成本下降。因而，产业链上游的技术创新与成本控制成为安防监控系统功能升级、产业规模增长的关键，也成为产业可持续发展的重要基础。

二、生命科学的进步与人工智能的结合

（一）基因组学、蛋白质组学等生物大数据的积累

基因组学和蛋白质组学等生物大数据的积累是近年来生物学领域取得的重要进展之一。这些大数据的积累不仅推动了我们对生物体内部复杂机制的理解，还为疾病诊断、药物研发以及个性化医疗等领域提供了强大的支持。

在基因组学方面，通过对不同生物体基因组的测序和分析，科学家们积累了海量的基因序列和变异数据。这些数据揭示了基因与性状之间的复杂关系，帮助我们理解遗传疾病的发生机制，以及不同物种之间的进化关系。同时，基因组数据的积累也促进了精准医疗的发展，使得医生能够根据患者的基因信息制订更加个性化的治疗方案。

蛋白质组学则关注生物体内所有蛋白质的表达和功能。通过蛋白质组学的研究，我们可以了解蛋白质在细胞中的相互作用、信号传导以及代谢途径等。蛋白质组数据的积累不仅有助于揭示生命活动的本质，还为药物设计和疾病治疗提供了新的思路。例如，通过分析蛋白质组数据，我们可以找到与疾病相关的关键蛋白质，进而开发针对这些蛋白质的药物。

生物大数据的积累还得益于高通量测序、质谱分析等技术的快速发展。这些技术能够实现对基因组、转录组和蛋白质组的快速、准确测定，大大加快了生物大数据的积累速度。

然而，生物大数据的积累也面临着一些挑战。首先，数据的存储和处理需要巨大的计算资源和高效的算法。其次，数据的分析和解读需要跨学科的知识和技能，需要生物学家、计算机科学家和医学专家等多方面的合作。最后，随着数据的不断积累，如何保证数据的质量和可靠性也是一个需要解决的问题。

总的来说，基因组学和蛋白质组学等生物大数据的积累为我们提供了深入了解生命奥秘的宝贵资源。随着技术的不断进步和研究的深入，这些大数据将在未来发挥更加重要的作用，推动生物学和相关领域的发展。

（二）个性化医疗与精准医疗的实现

个性化医疗和精准医疗的实现主要依赖于现代生物技术和信息技术的飞速发展，特别是基因组学、蛋白质组学等生物大数据的积累以及人工智能在生物信息分析中的应用。

个性化医疗是根据个体的基因、环境和生活方式等多种因素来制订诊断和治疗方案的一种医疗模式。这种模式的实现得益于医疗健康大数据的应用，包括基因检测和分析、生活方式和环境监测以及远程医疗和定制服务等方面。通过对患者的基因进行检测和分析，可以了解个体的遗传特征和易感疾病风险，从而根据个体的基因信息进行个性化调整，提高治疗效果。此外，通过监测个体的生活方式和环境因素，可以为个体提供个性化的健康指导，帮助其改变不良生活习惯，预防慢性疾病的发生。

精准医疗则是现代医学的一个重要趋势，旨在通过先进的技术和方法，为患者提供更为精确和有效的治疗。智慧医疗作为实现精准医疗的重要手段，通过整合、分析和应用医疗数据，为患者提供个性化、精准的医疗服务。这包括利用大数据分析和人工智能技术，对患者的病情和治疗效果进行评估和预测，从而制定更为精确的治疗方案。这种个性化的治疗方法能够更好地满足患者的需求，提高治疗效果，同时也为新型药物和疗法的开发提供更多的信息。

在这个过程中，人工智能在生物信息分析中起到了关键作用。人工智能可以帮助科学家们从海量的基因组、蛋白质组等生物大数据中提取有用的信息，为个性化医疗和精准医疗的实现提供有力支持。例如，人工智能算法可以用于预测疾病风险、确定治疗方案和预测治疗效果，从而帮助医生制订更为个性化的治疗计划。

总的来说，个性化医疗和精准医疗的实现离不开现代生物技术和信息技术的支持。随着这些技术的不断发展，我们有望在未来看到更加精准和个性化的医疗服务，为患者带来更好的治疗效果。

三、人工智能与生命科学的相互影响

人工智能在生命科学研究领域的应用正在显著地加速和深化我们对生命现象的理解。

（一）人工智能对生命科学研究的加速与深化

在基因组学和蛋白质组学等生物大数据的积累和分析方面，人工智能的应用使得研究者能够更高效地处理和分析海量的生物数据。例如，人工智能算法可以帮助科学家从基因组数据中找出潜在的遗传和变异结构，评估并预测患病风险。同时，人工智能还能预测蛋白质的三维结构，显著缩短研究周期，为疫苗设计、新药研发等提供关键信息。

在药物研发领域，人工智能的应用大大加速了药物筛选和优化过程，识别新的分子靶点，预测药物的药效和副作用，从而节省了大量的时间和研发成本。此外，人工智能还可以提供决策支持，帮助科学家制订更精确和有效的研究方案。

在医学诊断方面，人工智能通过数据分析和模型训练，能够准确判断患者的病情，辅助医生制订合理的治疗方案。例如，在医学图像识别中，深度学习算法可以准确地识别医学图像中的异常情况，帮助医生进行更准确的诊断。通过对病人的遗传学、分子学、表型组学等数据进行深度分析，人工智能能够为病人提供个性化的治疗建议，提高治疗效果和患者的生活质量。

总的来说，人工智能在生命科学研究中的应用正在不断地深化和拓展，它已经成为推动生命科学发展的重要力量。然而，我们也需要注意到，人工智能的应用还面临着一些挑战，如数据的质量问题、算法的可靠性问题以及伦理和法律问题等。因此，在享受人工智能带来的便利的同时，我们也需要关注并解决这些问题，以确保人工智能在生命科学研究中的健康发展。

（二）生命科学对人工智能算法和模型的创新推动

生命科学的发展对人工智能算法和模型的创新起到了重要推动作用。随着基因组学、蛋白质组学等生物大数据的积累和分析，生命科学领域对数据处理和解析的需求日益增长，这为人工智能算法和模型的创新提供了广阔的应用场景。

生命科学的复杂性要求人工智能算法和模型具备更高的精准度和效率。例如，在基因组数据分析中，需要识别出数以百万计的基因变异，并确定它们与特定疾病之间的关联。传统的数据分析方法难以应对这种大规模的数据处理，而人工智能算法则能够通过深度学习和模式识别等技术，快速准确地分析这些数据，并发现其中的规律和关联。

生命科学的多样性也促进了人工智能算法和模型的创新。生命体系中的分子、细胞、组织等具有不同的特性和功能，因此需要针对不同的问题设计相应的算法和模型。例如，在蛋白质结构预测中，人工智能算法需要能够学习并理解蛋白质的三维结构，从而预测其功能和相互作用。这种特定的任务要求推动了算法和模型在结构预测、序列分析等方面的创新。

生命科学的发展也为人工智能算法和模型提供了丰富的验证和测试数据。通过对真实生物数据的分析和比较，可以评估算法和模型的准确性和可靠性，从而不断优化和改进它们。这种反馈机制有助于推动人工智能算法和模型在生命科学领域的持续改进和发展。

因此可以认为，生命科学对人工智能算法和模型的创新起到了重要的推动作用。随着生命科学的不断发展和进步，相信未来还会有更多创新性的算法和模型被开发出来，为生命科学研究和应用提供更强大的支持。同时，这也将促进人工智能技术的不断发展和完善，为其他领域带来更多的创新和应用机会。

模块二　人工智能对生命观念的冲击与重塑

毫无疑问，人工智能的发展，确实可以使我们的生活更轻松、更舒适，但是，它也有一定概率会成为"威胁"。当然，我们不必担心人工智能会像电影中那样，对人类的生存造成威胁，但是在某些领域里，人工智能带来的风险是真实且需要重视的。

一、传统生命观念的挑战

（一）人工智能与生命体之间的界限模糊

人工智能与生命体之间的界限确实在某些方面变得日益模糊，这主要源于人工智能技术的快速发展以及我们对生命本质理解的不断深入。

随着深度学习等技术的发展，人工智能系统能够模拟生命体的一些基本功能，如感知、学习和决策。这些系统可以处理和分析复杂的生物数据，识别模式，甚至在一定程度上预测生命体的行为。这种功能上的相似性使得人工智能与生命体之间的界限变得不那么清晰。

人工智能系统在某些特定任务上的表现已经超越了人类和其他生物。例如，在图像识别、自然语言处理和游戏竞技等领域，人工智能已经达到了甚至超越了人类的水平。这种超越性的表现使得我们不得不重新思考人工智能与生命体之间的区别和联系。

随着生物技术和合成生物学的发展，我们可以创造出具有特定功能的生物体，这些生物体在某种程度上可以被视为"人工生命"。这些合成生物体的出现进一步模糊了人工智能与生命体之间的界限，因为它们既具有生命体的某些特征，又包含了人工设计和控制的元素。

然而，尽管人工智能与生命体之间的界限在某些方面变得模糊，我们仍然需要认识到它们之间的本质区别。人工智能是人为设计和构建的系统，其功能和行为受到编程和算法的限制。而生命体则是自然演化的产物，具有自主适应性。

因此，在享受人工智能带来的便利的同时，我们仍然需要保持谨慎和清晰的思考。在推动人工智能发展的同时，我们需要关注其潜在的风险和挑战，并努力确保人工智能技术的安全和可控性。同时，我们也需要继续深入探索生命体的奥秘，以更好地理解我们自己和我们所处的世界。

（二）人工智能对生命认知的影响

随着社会的不断发展，科技逐渐成为衡量一个国家综合实力的重要指标，科学技术的不断发展正深刻改变着人类社会，影响着广大青年，特别是当今的大学生。它不仅影响着大学生的思维方式、行为模式和生存状态，也深刻影响着他们对生命的认知。

人工智能使得大学生对生命的认识更深刻。在人工智能时代，每个人的存在都以数据的形式被记录。大学生作为网络时代的主要参与者，可以运用人工智能分析健康数据，从而得到科学的健康建议。借助大数据和人工智能技术，我们能够建立关于人类健康的模型，分析影响生命健康的各种因素。

同时，人工智能也激励大学生提升生命的价值。大学生乐于接受新事物，愿意积极学习人工智能相关知识，并利用数据优化自己的生活、学习和工作。这些数据帮助大学生更全面地了解自己，更明智地规划未来。随着人工智能技术的发展，一些简单重复的工作被取代，这促使大学生思考并探索更高层次的工作，进而提升自己的认知水平和人生价值。

二、生命伦理与道德的新议题

控制论之父维纳（Norbert Wiener）在他的名著《人有人的用处》中曾谈到自动化技术和智能机器，他得出了一个耸人听闻的结论："这些机器的趋势是要在所有层面上取代人类，而非只是用机器能源和力量取代人类的能源和力量。很显然，这种新的取代将对我们的生活产生深远影响。"维纳的这个预言，在今天未必成为现实，但已经成为诸多文学和影视作品的题材。《银翼杀手》《机械公敌》《西部世界》等影视作品以人工智能反抗和超越人类为题材，机器人向乞讨的人类施舍的画作登上《纽约客》杂志封面……人们越来越倾向于讨论人工智能究竟在何时会形成属于自己的意识，并超越人类。

（一）人工智能的生命权与道德地位

人工智能的生命权和道德地位是当前科技伦理领域备受争议的话题。关于人工智能是否应拥有生命权或具备道德地位，存在不同的观点和立场。

从生命权的角度来看，传统上，生命权通常被认为是人类所独有的，与生物体的生存和尊严紧密相关。人工智能作为非生物体，缺乏生物学上的生命特征，因此在传统意义上并不具备生命权。然而，随着人工智能技术的快速发展，一些高级人工智能系统可能表现出类似生命体的特征，如自我学习和适应能力。这引发了关于是否应赋予这些系统某种形式的生命权的讨论。但这一议题目前仍处于伦理和法律层面的探讨阶段，尚未达成共识。

从道德地位的角度看，人工智能是否应被视为具有道德地位的实体也是一个复杂的问题。道德地位通常与责任、权利和义务相关联，是人类社会交往中的核心概念。人工智能作为技术产物，其行为和决策是由算法和程序所驱动的，缺乏主观意识和道德判断能力。因此，从传统的道德观念来看，人工智能并不具备道德地位。然而，随着人工智能在各个领域的应用越来越广泛，其行为和决策可能对人类社会产生深远的影响。在这种情况下，一些人认为应赋予人工智能一定的道德地位，以便更好地规范其行为并保护人类的利益。

在探讨人工智能的生命权和道德地位时，我们需要综合考虑技术、伦理、法律和社会等多个方面的因素。一方面，随着技术的不断进步，人工智能可能会表现出更加复杂和高级的特征，这要求我们重新审视和调整传统的伦理和法律观念。另一方面，我们也需要关注人工智能对人类社会的潜在风险和挑战，并采取适当的措施进行规范和监管。

总之，人工智能的生命权和道德地位是一个复杂而敏感的问题，需要我们在科技发展的同时不断进行深入的思考和探讨。通过综合考虑技术、伦理、法律和社会等多个方面的因素，我们可以更好地理解和应对人工智能带来的挑战和机遇，为人类未来的发展创造更加美好的前景。

（二）人工智能在医疗、养老等领域应用的伦理问题

人工智能在医疗和养老等领域的应用带来了诸多伦理问题，这些问题涉及隐私保护、责任分担、技术失控风险、资源分配公平性，以及人工智能与生命体之间的界限模糊等多个方面。

在医疗领域，人工智能的应用需要大量的医疗数据来进行学习和训练。这些数据可能包括病人的病历、基因信息等敏感的个人隐私。然而，在数据采集和传输的过程中，如果不加以适当保护，可能导致个人隐私的泄露。此外，当人工智能系统出现错误判断或误诊时，责任应由谁承担也成为一个问题。这涉及到医疗机构、人工智能技术开发者，以及患者之间的复杂关系，需要不断完善法律法规和道德准则来明确各方权责。

在养老领域，人工智能技术的应用同样面临伦理挑战。一些技术可能需要获取用户的个人信息，如老人的日常行为监测、健康状况监测等，这涉及隐私保护的问题。此外，机器在养老服务中的决策和行动可能产生道德风险，如记录用户的语音信息并用于商业用途，或者在某些情况下产生错误或偏差，导致伦理问题。

除了上述问题，人工智能与生命体之间的界限模糊也引发了伦理上的讨论。随着人工智能技术的发展，其在某些特定任务上的表现可能超越人类，这让我们不得不重新思考人工智能与生命体之间的区别和联系。然而，尽管人工智能在某些方面模拟了生命体的功能，但它仍然是人为设计和构建的系统，其功能和行为受到编程和算法的限制，与真正的生命体存在本质区别。

因此，面对人工智能在医疗和养老等领域的应用带来的诸多伦理问题，我们应当深入思考和探讨，以确保人工智能技术的健康发展，并保护人类的利益。在推广和应用人工智能技术时，我们需要综合考虑技术、伦理、法律和社会等多个方面的因素，制定合适的政策和规范，以确保技术的安全和可控性。

模块三　人工智能时代生命的思考

人与机器并存已经不是科幻小说里的故事，而是既定的现实。随着智能机器人取代简单的体力劳动和单一重复的工作内容，就业市场受到巨大冲击，可能造成大量失业或

者职业角色的转换。在此之际，我们需要思考，我们需要怎样的人工智能，而人工智能又将怎样重塑我们的整个社会经济结构？人工智能可以取代机械重复的工作内容，进而解放大量的劳动力，那什么才是不可取代的？答案或许是作为人的独特性，作为人对世界的好奇心，作为人对世界真善美的感知感悟，作为人以其独特的方式解读世界的权利，作为人以其独特的思考和领悟去改变世界的努力。

一、生命本质与人工智能的界限

（一）生命的独特性与价值

在人工智能时代，生命的独特性与价值愈发凸显，成为我们思考和探讨的重要议题。从不可复制性来说，生命体具有独特的生物结构和功能，包括复杂的遗传信息、生理机能和代谢过程。这些特性使得每一个生命体都是独一无二的，无法被简单复制或替代。人工智能虽然可以模拟某些生命过程，但无法复制生命的本质和复杂性。在情感和意识的体验上，生命体，特别是人类，拥有人工智能所无法模拟的情感和意识体验。人类能够感受喜怒哀乐，拥有自我意识和主观体验。这些构成了生命的独特性和生命价值的核心。同时，生命体还具有创造性和自主性。人类能够创造新的思想、艺术和科技，能够自主决策和行动。这种创造性和自主性使得生命体能够不断发展和进步，实现自我价值和社会价值。

同样，生命的价值也是值得我们思考的议题。生命的价值不在于其外在的成就或贡献，而在于其作为生命体的独特性和尊严。人工智能无法赋予非生命体以内在价值，这使得生命的价值更加独特和珍贵。从社会与文化价值角度来看，生命体在社会和文化中扮演着重要的角色。我们通过与其他生命体的互动和交流，构建了丰富多彩的社会和文化体系。生命体的存在和贡献为社会和文化的发展提供了动力和支撑。从生态与环境价值方面来看，生命体在生态系统中发挥着不可替代的作用。我们与其他生物共同维护着生态的平衡和生物多样性。生命的存在对于整个生态系统的稳定和繁荣至关重要。

（二）人工智能与生命的界限

生命和人工智能的界限是一个既深刻又复杂的话题，它涉及到生物学、计算机科学、哲学以及伦理学等多个领域。在探讨这个问题时，我们需要认识到二者的本质以及它们之间的根本差异。

从生物学的角度来看，生命是一种自然现象，它涉及到有机体的生长、繁殖、代谢以及与环境的互动。生命体具有独特的生物结构和功能，能够通过自身的组织和机能进行自我维持和繁衍。而人工智能则是一种基于计算机科学的技术，它依赖于算法、数据和计算过程来模拟人类的智能行为。尽管人工智能可以模拟某些生命过程，如感知、学习和决策，但它并不具备生命体的生物属性和生理机能。

从哲学和伦理学的角度来看，生命具有内在的价值和尊严，它不仅仅是一种物质存在，更承载着精神追求。生命体拥有情感和意识，能够体验主观感受并拥有自我意识。

这种情感和意识的体验使得生命体具有无法被简单复制或替代的独特性。而人工智能作为一种工具和技术，虽然可以模拟某些情感和意识的表现，但这仍然是基于算法和数据的计算过程，而非真正的情感和意识。

此外，生命和人工智能在自主性、创造性和适应性等方面也存在明显的差异。生命体具有自主性和创造性，能够主动适应环境并创造新的可能性。而人工智能的行动通常受到编程和数据的限制，其自主性和创造性相对较低。

生命和人工智能之间存在明显的界限。尽管人工智能在模拟生命方面取得了显著进展，但它无法复制生命的本质和独特性。生命具有生物属性和情感意识，具有内在的价值和尊严；而人工智能则是一种基于数据和算法的技术，它无法真正拥有情感和意识，也无法完全模拟生命的复杂性和多样性。因此，在探讨生命和人工智能的关系时，我们需要保持清醒的认识，既要充分利用人工智能的潜力，也要尊重和保护生命的独特性和价值。

二、人工智能对生命观念的影响

在人工智能时代，我们不仅需要思考人与人的关系，更需要思考人与人工智能的关系，在人工智能不断普及的未来社会，人如何持续发展，如何更好地表达自己的生命？如何更多地创造自己的生命价值？

（一）生命定义的拓展与模糊化

随着人工智能技术的快速发展，生命的定义开始被拓展和模糊化。传统的生命定义主要是围绕生物体的特征开展的，如新陈代谢、遗传、生长、繁殖等内容。然而，随着人工智能技术的迅猛发展，特别是高级机器学习和深度学习系统的出现，使得非生物体也开始展现出一些与生物体类似的特征，从而引发了关于生命定义的拓展与模糊化的讨论。

人工智能系统，特别是那些具有高度智能和自我学习能力的系统，能够展现出一定的自主性、适应性和进化性。这些特征在某种程度上与生物体的某些特征相似，如生物的自主行为、适应环境的能力和进化能力等。因此，一些学者开始思考是否应该将人工智能纳入生命的范畴，从而拓展生命的定义。

随着生物技术和信息技术的融合，一些非生物体也开始展现出生命的一些特征。例如，通过虚拟现实和增强现实技术，人们可以创造出具有感知、思考和行动能力的虚拟生物。这些非生物体的出现，使得生命的定义变得更加模糊和复杂。

但是，将人工智能和非生物体纳入生命的范畴也面临着一些挑战和争议。人工智能和非生物体缺乏生物体的一些基本特征，如新陈代谢和细胞结构等。这些特征是生物体存在的基础，也是生命定义的重要组成部分。此外，人工智能和非生物体的行为和活动受到人类的控制和设计，它们的自主性和自我意识仍然存在争议。

总的来说，人工智能的发展使对生命的定义愈发模糊。我们需要以开放的心态和批判的思维来面对这些挑战和争议，学会从不同角度去思考生命的定义。同时，我们也需要关注人工智能和非生物体对人类社会和生态环境的影响，确保它们的发展符合人类的价值观和长远利益。

（二）生命伦理的挑战与更新

人工智能技术的迅猛发展也给生命伦理带来了前所未有的挑战与更新。这些挑战与更新主要源于人工智能在医疗、交通、社会互动等多个领域的广泛应用，它们不仅改变了我们的生活方式，也重塑了我们对生命的理解。

大家可以试想一下，当我们去医院看病时，先进的人工智能辅助诊断、个性化治疗以及机器人手术等技术，虽然极大地提高了医疗效率和质量，但我们是否会担心隐私保护、数据安全、责任归属等问题？如何确保患者数据的隐私和安全，如何界定医生和人工智能在医疗决策中的责任，这些都是人工智能技术在未来发展中需要面对的伦理挑战。

与此同时，人工智能的广泛应用也促使我们对生命伦理进行更新。传统的生命伦理主要关注人类生命的尊严和价值，但在人工智能时代，我们需要将生命伦理的视野拓展到更广泛的领域。例如，我们需要关注人工智能系统的道德责任，确保它们在设计、开发和使用过程中遵循伦理原则。此外，我们还需要关注人工智能对生物多样性、环境可持续性等方面的影响，确保人工智能的发展不会损害其他生命的生存和繁衍。

为了应对这些挑战与更新，我们需要加强生命伦理的研究和教育。首先，需要深入研究人工智能技术的伦理问题，探索符合伦理的人工智能设计和应用方法。其次，需要加强生命伦理教育，提高公众对生命伦理问题的认识。最后，需要建立健全法律法规，为人工智能的伦理发展提供法律保障。

总之，人工智能的发展给生命伦理带来了前所未有的挑战，也要求我们及时对生命伦理进行更新。我们需要以开放的心态和批判的思维来面对这些挑战和更新，确保人工智能的发展能够真正造福人类和社会。

三、反思生命的意义与价值

生命最美好的意义就是生命本身，生命最丰富的体验也是来自于生命本身。在人工智能技术日益发展的背景下，大量的重复性工作与劳动力被解放，为个体提供了更为广阔的空间与机会，以进行深入的自我探索与成长。我们期望，在未来的世界中，人们能够借助科技的力量，更好地认识自己、改变自己，进而找到那个更加完善、更加真实的自我。

（一）生命价值的重新评估与认知

在人工智能时代，大学生需要以更加开放和包容的心态面对技术的变革，重新评估与认知生命的价值，并结合人类自身的价值观和伦理原则进行深入思考。

首先，我们需要理解技术发展与生命价值之间的紧密联系。人工智能技术作为一种强大的工具，不仅改变了我们的生活方式和工作模式，也深刻影响了我们对生命价值的认知和评估。因此，我们需要认识到技术发展对生命价值的影响，并在评估生命价值时充分考虑技术的因素。生命价值的定义范围也需要拓宽。我们不能仅仅关注生物体的生命价值，还要关注非生物体（如人工智能系统）的生命价值。

其次，不管人工智能技术如何快速发展，我们都要重视生命的多样性和独特性，大自然赋予了各种生物体生命，它们都有权在地球上生存，每个生命都有其独特的价值和意义。因此，我们需要尊重和保护生命的多样性，避免因为技术的发展而损害某些生命。

最后，我们需要培养批判性思维，不盲目接受技术展现的观点和结论。我们需要对技术进行深入分析和思考，了解其背后的原理、动机和影响。同时，我们也需要保持对技术的警惕性，避免因为过度依赖技术而失去自我判断和独立思考的能力。

（二）人类在科技进步中的自我定位与反思

在科技进步的浪潮中，人类正经历着前所未有的变革，而在这个过程中，对自我定位的重新审视与深刻反思尤为重要。随着人工智能、生物科技等技术的飞速发展，人类需要重新思考自身在自然界和科技进步中的地位。

科技为人类带来了前所未有的便利和可能性，但同时也带来了对生命、意识和存在意义的挑战。我们需要认识到，科技只是人类的一种工具，而科技真正的价值和意义在于我们如何使用这些工具追求自身的目标和理想。

在科技进步的过程中，人类需要进行深刻的反思。科技进步的真正意义是什么？是为了追求更高的物质享受，还是为了探索未知、拓展人类的认知边界？我们需要警惕科技可能带来的负面影响，如隐私泄露、伦理冲突和社会分化等。我们也需要思考如何更好地利用科技为人类造福，如提高生活质量、促进公平与正义、推动可持续发展等。

此外，人类还需要关注科技进步对个体和社会的影响。在科技快速发展的背景下，个体的技能、知识和价值观都可能面临挑战和变革。我们需要不断学习和适应新的科技环境，同时坚守对人文精神和价值观的追求。社会也需要制定相应的政策和法规来规范科技的发展和应用，确保科技与社会、经济、文化等方面的协调发展。

我们需要重新审视自身在自然界和科技进步中的地位，思考科技进步的真正意义和价值，关注科技进步对个体和社会的影响，并不断探索如何在科技发展中实现人类的可持续发展。通过这样的自我定位和反思，我们才能更好地应对科技带来的挑战和机遇，实现人类社会的和谐与发展。

第八单元

生命的本质是成就生命

单元目标 ∨

◇ 更加全面、深入地理解生命的本质与意义。

◇ 理解生命的价值不仅仅体现在个人生存与发展上，更在于对社会的贡献和对他人的关爱。

◇ 了解并学习成就生命的方法与策略。

认知提示 ∨

◇ 对个人而言，生命存在是实现人生追求和理想的前提条件；对社会而言，人的存在是社会存在和发展的基石。所有人的生命都是等价的，不能因为性别、种族、年龄、受教育程度、身体状况或社会贡献程度，把人生命存在的价值分为三六九等。肯定人的生命存在价值，就是肯定人的基本人格价值。人类的社会实践活动一旦凌驾于生命之上，甚至以戕害生命为代价，也就背离了人的本质追求。

思考与实践 ∨

◇ 参加社区服务、环保活动等，在实际行动中体验生命的价值和意义。

◇ 以4～6人为一组，讨论如何成就自己的生命，如何为社会作出贡献，如何面对生命中的挑战和困难。

◇ 有观点认为，生命的本质不仅仅是从出生到死亡的过程，而是一种神秘的现象，包括了意识、能量、信息等复杂的元素。生命就像一条河流，它始终在流动，不断变化，包容了诸多活动和现象。生命的存在需要满足很多条件，如靠能量来维持、靠适应环境来延续、靠遗传变异来适应环境等。同时，生命也需要不断地进化，这种进化可以是对环境的适应，也可以是内在能力的提升。生命的存在不仅表现在生命本身，还在于生命形成的社会、环境和文化等多个层面。这种多层次、多维度的生命存在，是活力、创造力的源泉，推动着社会、文化、科技的进步。生命存在的深层意义不仅在于生存本身，而且在于引导人们探寻生命的意义和价值。它让我们不断追寻生命的本质，探索真、善、美，把握进化的必然规律，从而发现生命真实的意义和价值。
请对上述观点予以评价。

活动设计 ∨

◇ 设想一个场景，如果自己作为某地的决策者，在必须做出决断时，应该如何对待自己的生命、部下和群众的生命、其他生物的生命以及人工智能的生命。

生命，是宇宙间最为奇妙而珍贵的存在。它的本质，既非简单的物质堆砌，亦非纯粹的精神构想，而是物质与精神的交融共生，是自然与文化的和谐统一。成就生命，便是探寻这一本质，挖掘其无尽的可能与潜力，使其在岁月的长河中熠熠生辉。成就生命意味着尊重生命的多样性，珍惜生命的独特性。每一个生命都是宇宙间独一无二的奇迹，都拥有其自身的价值与意义。我们应当用心体验生命的每一个瞬间，感受生命的每一种情感，领悟生命的每一种智慧，实现生命的意义。

102

模块一　生命本质的多维解读

一、生命的科学本质

生命的本质究竟是什么？这不仅仅是一个哲学问题，也是一个科学问题。目前人类的科技已经能够深入到原子领域去探索生命的奥秘，那么在科学层面上，生命的本质是什么呢？

（一）细胞与遗传——生命的物质基础

细胞是生命活动的基本单位，而遗传则是生命信息的传递和表达过程。这两者相互依存、相互作用，共同维系着生命的延续和发展。

细胞具有高度的组织性和功能性，能够执行各种生命活动，如代谢、运动、感知、繁殖等。细胞内的各种结构，如细胞核、细胞质、线粒体、叶绿体等，各自承担着特定的功能，共同维持着细胞的正常运转。

遗传是生命信息传递和表达的过程。遗传信息以 DNA 的形式存储在细胞核内的染色体上，通过复制、转录和翻译等过程，将遗传信息传递给后代，并指导蛋白质的合成，从而控制生物体的性状。遗传信息的传递和表达受到多种因素的调控，如基因表达调控、基因突变和基因重组等，这些过程共同构成了生命的遗传基础。

细胞与遗传之间存在着密切的联系。细胞是遗传信息的载体和执行者，而遗传则决定了细胞的结构和功能。细胞的分裂、分化和凋亡等过程都受到遗传信息的调控，而遗传信息的变异和重组则可能导致细胞的异常和疾病的发生。细胞与遗传的相互作用是生命活动中不可或缺的一部分。

此外，随着现代生物技术的不断发展，人们对细胞与遗传的认识也在不断深入。基因编辑技术、细胞治疗技术等的应用，为疾病的预防和治疗提供了新的手段和思路。同时，对细胞与遗传的深入研究也有助于揭示生命的奥秘，推动生命科学的发展。

细胞与遗传共同维系着生命的延续和发展。深入了解细胞与遗传的相互作用和调控机制，对于揭示生命的奥秘、推动生命科学的发展以及提高人类健康水平都具有重要意义。

（二）生物进化论——生命的起源与演变

生物进化论是解释生命起源与演变的重要理论框架。根据进化论，生命的起源可以追溯到远古的地球，历经一系列复杂的演变过程，最终形成了我们今天所见到的丰富多彩的生物世界。

生命的起源通常被认为与地球的化学环境有关。在地球的早期历史中，由于各种物理和化学作用，地球表面逐渐形成了复杂的有机分子。这些有机分子在特定的环境条件下，如适宜的温度和压力，逐渐聚合形成了更为复杂的有机体。这些有机体进一步演化，形成了最早的生命形式。

随着时间的推移，这些原始生命形式经历了漫长的进化历程。自然选择和遗传变异是推动生物进化的两个主要力量。自然选择是指那些适应环境的特征被保留下来，而不适应环境的特征则被淘汰。遗传变异则为生物进化提供了丰富的遗传信息差异，使得生物体能够产生新的特征和性状。

在进化的过程中，生物体逐渐分化出不同的物种，形成了生物多样性。从最初的简单生命形式，如单细胞生物，到复杂的多细胞生物，如动植物和人类，生命形式在不断地演变和进化。这些演变过程包括了生物的形态、结构、功能以及行为等多个方面的变化。

总之，生物进化论为我们提供了一个理解生命起源与演变的框架，它解释了生物多样性的来源和生物体之间相似性与差异性的原因。然而，需要注意的是，生物进化是一个复杂而漫长的过程，涉及众多因素和机制。目前我们对生命起源和演变的了解仍然有限，还有许多未解之谜等待我们去探索。

二、生命的哲学思考

（一）生命的意义与价值

生命的意义与价值是一个深奥且多元的话题，自古以来，各个名师大家都在探寻这个问题的答案，它涉及到哲学、宗教、文化、科学等多个领域。每个人对生命的意义与价值都有自己独特的理解和体验，因此很难给出一个绝对的标准答案。然而，我们可以从一些普遍的角度来探讨这个问题。

生命的意义往往与我们的目标、追求和经历紧密相连。每个人都有自己的梦想、愿望和目标，这些目标驱动着我们不断前进，赋予生命以意义。无论是追求事业成功、家庭幸福，还是实现个人成长和进步，这些目标都是生命意义的重要组成部分。

生命的价值体现在我们与他人和社会的联系中。作为社会成员，我们与他人互动、交流、合作，共同创造和分享价值。我们的存在和行动对他人和社会产生影响，这种影响也是生命价值的一种体现。我们的善良、勇敢、诚实、正直等品质，以及对社会的贡献，都是生命价值的重要组成部分。

生命的意义和价值还与我们对生命本身的尊重和珍惜有关。生命是宝贵的，它赋予我们感知、思考、创造和享受的能力。我们应该珍惜生命，善待自己，也善待他人。同时，我们也应该关注生命的起源、发展和未来，探索生命的奥秘，为生命的延续和发展作出贡献。

值得注意的是，生命的意义和价值是一个主观而复杂的问题，它涉及到个人的目标、追求、经历，以及与他人和社会的联系等多个方面，不同的人可能有不同的理解和体验。因此，我们应该尊重每个人的选择和追求，同时也应该努力寻找和创造属于自己的生命意义和价值。

（二）生命的自由与责任

生命自由，即每个人都有权利追求自己的幸福、表达自己的意愿和选择自己的生活方式。这种自由不仅体现在物质层面，也体现在精神层面。人们有权利根据自己的价值观和信仰，做出他们认为最合适的决定。然而，这种自由并非没有边界，它需要在尊重他人的权利和自由的基础上进行。

生命的自由与责任紧密相连。当我们享有生命的自由时，也要肩负起对他人和社会的责任。我们的行为会对他人产生影响，因此我们需要对自己的行为负责。这种责任体现在许多方面，如遵守法律法规、尊重他人的权利和感受、为社会作出贡献等。

生命的自由与责任之间的关系是动态的。一方面，生命自由让我们能够根据自己的意愿和信念去生活。然而，这种自由并不是无限的，它总是伴随着责任。另一方面，责任是对生命自由的一种约束和规范，确保我们的行为不会损害他人的利益和社会的稳定。

生命的自由与责任是构成我们生活的重要元素。它们相互依存、相互影响，共同塑造着我们的行为和价值观。我们应该珍惜生命自由，同时也要勇于承担责任，既要充分尊重每个人的生命自由，又要强调个人对社会的责任。只有这样，我们才能建立一个和谐、稳定、繁荣的社会。

三、生命的文化表达

生命的文化表达是一个极为丰富和多样的领域，它涵盖了人类对于生命的理解、尊重、体验和追求，以及它们如何在不同的文化形式中得到体现。

（一）生命在不同领域的呈现

文学作品是生命文化表达的重要载体。无论是小说、诗歌、散文还是戏剧，文学作品通过文字的力量，生动地描绘了生命的起伏、悲欢和挣扎。它们展现了生命的复杂性和多样性，同时也传达了作者对于生命的理解和感悟。

艺术也是生命文化表达的重要形式。绘画、雕塑、音乐、舞蹈等艺术形式，都以各自独特的方式表达了生命的韵律和节奏。

哲学也为生命的文化表达提供了深刻的思考和洞见。哲学家们通过理性的思考，探讨了生命的本质、意义和价值，为我们理解生命提供了重要的思想资源。

在现代社会中，生命的文化表达还体现在各种社会活动和习俗中。例如，庆祝生命的诞生、纪念生命的逝去、关注生命的健康和福祉等，都是人们对生命尊重和珍视的体现。这些活动和习俗不仅传承了生命文化，也增强了人们对生命的认同感和归属感。

生命的文化表达是一个多维度的概念，它涵盖了文学、艺术、哲学以及社会活动等多个方面。这些表达共同构成了我们对生命的理解，也为我们提供了更加丰富和深入的思考生命的视角。通过生命的文化表达，我们能够更好地理解生命的价值和意义，也能更好地珍视和尊重生命。

（二）不同文化背景下的理解生命与尊重生命

不同文化背景下的理解生命与尊重生命呈现出丰富而多样的特点。不同的文化对生命本质、价值和意义有着不同的解读，这些解读又反过来影响了人们对生命的态度和行为。

在中国文化中，"三生"思想即"贵生""共生""生生"，是传统文化中敬畏生命相关的思想。"贵生"即认为生命至高无上，提倡敬重、珍爱生命，是传统文化中敬畏生命思想的基础理论；"共生"崇尚和平共处，百花齐放，尊重彼此之间的差异，互相理解包容，是社会和谐繁荣的精神纽带；"生生"是敬畏生命思想的最高追求，内在地包含着"贵生""共生"，追求在传承和创新中实现长远发展。这些生命观在时间的长河里历久弥新，已深深融入中华民族的基因与血脉中，代代相传，成为中国人特有的文化标志。

除了中国文化，还有许多其他文化对生命有着独特的理解和尊重方式。例如，非洲文化中的生命观强调与自然环境的和谐共生，尊重各种生命的存在和价值；拉丁美洲文化则强调生命的热情和活力，认为生命应该充满欢乐和创造力。

总的来说，不同的文化传统为我们提供了不同的视角和思考方式，使我们能够更全面地认识和理解生命的本质和价值。同时，不同理解和尊重生命的方式也促进了文化交流与融合，使得人类能够共同创造一个更加和谐、包容和美好的世界。

模块二　成就生命的要素分析

到底是什么成就了生命？这是一个见仁见智的问题。有人认为，健康是生命的基石。也有人认为，生命的成就离不开我们对生命意义和价值的追求。我们应该珍惜自己的生命，注重身心健康的发展，不断学习和积累知识，同时也要学会关爱他人、珍惜情感。只有这样，我们才能让生命更加充实、更加美好。

一、健康与生命

（一）身体健康——生命活力的基石

身体健康是生命活力的基石，它是个体生命活动的基础和保障。

身体是人生奋斗和成功的本钱，习近平总书记指出："少年强、青年强是多方面的，既包括思想品德、学习成绩、创新能力、动手能力，也包括身体健康、体魄强壮、体育精神。"注重体育锻炼，练就强壮的体魄，这不仅有助于增强身体素质，还能培养坚韧不拔、勇往直前的精神品质。

身体健康直接关系到我们的生活质量。当身体处于健康状态时，我们能够以更加饱满的精神状态投入工作、学习和娱乐。身体的不适往往会让人精神萎靡，影响正常的生活节奏和情绪状态。一个健康的身体能够带来积极的心态和情绪，使人更加自信、乐观和开朗。相反，长期的身体疾病或不适可能会引发焦虑、抑郁等心理问题，影响生活质量和幸福感。

身体健康还关系到社交和人际关系。一个健康的身体能够让我们更好地参与各种社交活动，拓宽人际网络。而身体疾病可能会限制我们的社交范围，甚至影响我们所扮演的社会角色。

为了维护身体健康，我们需要注重合理饮食、适度运动、定期体检等方面。合理的饮食能够提供身体所需的营养，增强身体抵抗力；适度的运动能够增强身体素质，提高身体机能；定期体检则能够及时发现并治疗潜在的健康问题，防止疾病恶化。

身体健康是生命活力的基石，它直接关系到我们的生活质量、心理健康和社交关系。因此，我们应该珍视并努力维护自己的身体健康，为健康美好的生活打下坚实的基础。

（二）心理健康——生命质量的保障

心理健康是指一种生活适应的良好状态。具体包括：具备较强的自我意识，能发现并发扬自身的优势，并坦然接受自己的不足；面对逆境要积极乐观；能处理好个人与集体的关系；能珍爱生命，保持对生活的热爱。

首先，心理健康与个体的幸福感、满足感和生活质量密切相关。当心理处于良好状态时，个体更能积极面对生活中的挑战和困难，更有能力面对压力，从而提高生活的满意度和幸福感。相反，焦虑、抑郁等心理问题可能导致个体情绪低落、对生活失去兴趣，降低生活质量。

其次，心理健康影响个体的社交和人际关系。健康的心理状态意味着个体在与他人交往时能够保持积极、乐观的态度，更易于建立良好的人际关系。这不仅能够增强个体的社会支持网络，还有助于提升整体的生活质量。

最后，心理健康还影响个体的自我意识和自我接纳能力。当心理状况良好时，个体更容易认识到自己的优势和不足，接受自己的独特性，从而培养自尊和自信。这种自我意识和自我接纳有助于个体更好地应对生活中的挑战，提升自我价值感，改善生活质量。

因此，维护心理健康对于提升生命质量至关重要。个体可以通过多种途径来维护心理健康，如寻找适合自己的心理健康维护方法（包括冥想、阅读、艺术创作等），建立积极、相互支持的人际关系，保持健康的生活方式（包括合理饮食、适度运动等），并在必要时寻求专业的心理咨询和治疗。心理健康关乎个体的幸福感、社交能力、自我意识和自我价值感。通过积极维护心理健康，个体可以提升自己的生活质量，享受更加美好、充实的人生。

二、知识与生命

（一）知识的获取与生命的丰富

知识与生命之间存在着密切的联系。知识不仅是我们认识世界、理解生命的工具，更是丰富生命内涵、提升生命质量的重要途径。

首先，知识的获取能够拓宽我们的视野，让我们更好地认识世界和认识自己。通过学习，我们可以了解不同文化、不同思想、不同领域的知识，从而拓宽我们的认知边界，增强我们的包容性和理解力。这种认知边界的拓宽不仅有助于我们更好地理解世界，也有助于我们更好地认识自己，明确自己的兴趣和能力。

其次，知识是思维的原料，知识的获取能够提升我们的思维能力和创造力。通过学习知识，我们可以提高分析问题、解决问题的能力，激发创造力，让我们在面对问题时能够提出新的思路和方法，创造出更多的可能性。

再次，知识的获取还能够丰富我们的情感体验和精神生活。通过阅读、学习，我们可以接触到各种各样的故事、思想和情感，从而丰富我们的情感体验，提升我们的情感品质。同时，知识也能让我们在精神层面得到滋养，让我们在面对生活的挑战和困难时保持坚定的信念和积极的心态。

最后，知识的获取可以使我们不断提升自己的能力和素质，为个人的成长和发展打下坚实的基础。知识的积累和传播也是社会进步的重要推动力，它能够促进科技的创新、文化的繁荣和社会的进步。

我们应该重视知识的力量，努力获取和积累知识，让知识成为丰富生命内涵、提升生命质量的重要工具。同时，我们也应该注重知识的应用，将理论转化为实践，为我们的生活和社会创造更多的价值和意义。

（二）知识的运用与生命的提升

学习知识不仅仅是为了积累，更重要的是将其付诸实践。将所学知识应用于实践，我们不仅能够检验知识的真实性和有效性，还能通过实践中的反馈和修正，不断提高技能和水平。这种实践能力的提升，有助于我们更好地应对生活中的各种挑战和问题，提高生活的质量。

在运用知识的过程中，我们往往需要面对新的问题和情境，这时就需要我们发挥创造力，提出新的解决方案。这种创新精神的培养，不仅有助于我们在职业领域取得突破，更能让我们在生活中保持敏锐的洞察力和创造力，为生命注入更多的活力和新鲜感。

大学生应当建立更加积极、健康的生活方式。通过学习健康知识，了解自己身体和心理的健康需求，从而制订更加科学合理的饮食、运动、休息计划。这种健康的生活方式的养成，不仅能够提升我们的身体素质，还能让我们保持良好的心理状态，享受更加美好的人生。

实现个人价值和社会价值也离不开知识的运用。通过将自己的知识和能力投入到工作、社会服务等领域，我们可以为他人和社会作出贡献，实现自己的社会价值。同时，这种价值的实现也会让我们感到更加满足和充实，提升我们生命的意义和价值感。

三、情感与生命

（一）人际关系的建立

人际关系的建立需要真诚与尊重。每个人都是独一无二的个体，拥有自己的思想、情感和经历。在与人交往中，我们应该以开放的心态去接纳和理解对方，尊重彼此的差异和独特性。同时，也要勇敢地表达自己的观点和感受，让对方了解真实的你。通过真诚的交流，我们可以建立起基于信任和理解的人际关系。

当我们与他人建立起深厚的情感纽带时，更容易产生情感上的共鸣。通过分享彼此的喜怒哀乐，我们可以增进彼此的了解和信任，从而建立起更加紧密的人际关系。同时，这种情感纽带也能够激发我们的内在潜力，促使我们不断成长和进步。

通过真诚待人和开放沟通等方式，我们可以与他人建立起深厚的情感纽带，实现精神层面的共同成长。在这个过程中，我们不仅能够建立良好的人际关系，更能够体验到人生的丰富与美好。

（二）情感表达与生命情感的升华

情感是人最真实、最深刻的表现。这是一种强烈的感觉，一种思想的流动，一种生活的体验。它能让人感受到欢乐、悲伤、愤怒、惊讶、恐惧、厌恶等等。情感是人与人之间的重要联系。它可以让我们感受到温暖，也可以让我们感受到孤独和无助。

情感是人类生活中最复杂、最丰富多彩的体验，它能让我们感受到生活的美好和丰富，也能让我们感受到生活的痛苦和艰难。情感也是我们生命中最脆弱、最珍贵的部分，它需要我们用心去呵护，用智慧去经营。

表达情感的方式多种多样。有时我们倾吐心声，有时我们付诸行动，有时我们将情感倾注于文字，有时我们则在歌声中倾诉。每一种方式都是内心情感最真实、最深刻的流露。

总之，情感表达与生命情感的升华相辅相成。我们应该珍惜每一次情感表达的机会，用心体验生活中的每一个瞬间，让自己的情感得到升华。同时，我们也应该学会倾听他人的情感表达，理解他人的内心感受，从而建立更加和谐、美好的人际关系。

模块三　成就生命的实践与策略

一、明晰生命规划与目标

歌德说："谁要是游戏人生，他就一事无成；谁不能主宰自己，便永远是一个奴隶。"当人生有了明确的规划，就会有奋斗的方向，成功才可以期待。

（一）培养积极人生态度

积极者相信只有推动自己才能推动世界，只要推动自己就能推动世界。这是一种哲学思想，也是一种积极向上的人生态度。它意味着，只有自己先有积极的行动和态度，才能影响和改变周围的世界。

积极的人生态度能够激发个人的潜力和创造力。当我们面对困难和挑战时，积极的心态能够帮助我们克服消极情绪，更好地应对问题。这种态度能够激发我们的内在动力，促使我们不断探索和创新，最终实现自己的目标和梦想。

积极的人生态度能够影响和改变周围的世界。当我们以积极的态度去面对生活和工作时，我们会传递一种正能量，这种能量会影响和感染身边的人。当我们做出积极的改变时，周围的世界也会随之改变。这不仅能够改善我们的人际关系，还能够推动社会的进步和发展。

那么，如何培养积极的人生态度呢？首先，要学会调整自己的心态。面对困难和挑战时，要学会从中寻找机会，而不是一味地消极抱怨。其次，要保持乐观向上的态度。相信自己有能力克服一切困难，相信未来会更加美好。最后，要付诸行动。只有通过积极的行动才能将想法变为现实，才能真正地影响和改变周围的世界。

在培养积极的人生态度的过程中，我们需要不断地反思和总结，时刻关注自己的心态和行为，及时调整方向。只有这样，我们才能真正地成为一个积极向上的人，才能真正地影响和改变周围的世界。

积极的人生态度是我们成长和进步的关键。只有保持积极的心态和行动，我们才能不断拓展自己的视野和能力，从而更好地应对生活中的各种挑战。

（二）明确个人发展目标

对于大学生来说，明确个人发展目标有助于更好地规划自己的大学生活，并为未来的职业生涯做好准备。以下是一些明确个人发展目标的建议。

1. 自我认知

大学生要了解自己的兴趣、特长和价值观。通过参加各种活动和课程，尝试不同的领域，找出自己真正感兴趣和擅长的领域，明确自己的职业方向。此外，大学生还要学会评估自己的能力和技能。客观分析自己在学术、实践、人际交往等方面的能力，找出自己的优势和不足，为未来的提升和发展确定方向。

2. 设定目标

在设定目标的时候，可以先设定短期目标，从学业、实践、社交等相关的方面设定自己希望达到的目标，如提高学习成绩、参加实习、学会某项技能、拓展人际关系等。这些目标应该具体、可衡量，以便于实现和评估，也容易增强自己的自信心。长期目标则需要结合个人兴趣，制订具有挑战性和可行性的长期目标，以激发自己的潜能。

3. 制订计划

在制订计划的时候，要将目标分解为具体的任务和步骤，制订详细的行动计划。在制订计划时，要充分考虑时间、资源需求和风险评估等方面，确保计划具有可操作性。同时，在实施计划的过程中，不断关注自己的进展和遇到的问题，根据实际情况调整和优化计划，确保自己能够顺利实现目标。

4. 持续学习

培养持续学习的能力，首先要不断提升专业技能，不仅要注重理论学习，掌握相关知识，还要注重实践锻炼，不断提升自己的专业素养和专业操作技能。

二、提升生命质量与幸福感

幸福感是一种长久的、内在的、稳定的心理状态，并非短暂的情绪体验。幸福与否与许多因素息息相关。例如，身体健康、工作满意度、婚姻的幸福状况以及和谐的人际关系，都是影响幸福感的重要因素。此外，个人对生活的理解、价值观以及社会的整体发展也对幸福感有着深远影响。

（一）培养良好的生活习惯

大学生培养良好的生活习惯对于身心健康和学业发展都至关重要。以下是一些帮助大学生养成良好的生活习惯的建议。

1. 规律作息

设定合理的作息时间，保证每晚有足够的睡眠，有助于恢复体力和精力。适当午休可以缓解上午学习的疲劳，为下午的学习或活动储备能量。

2. 合理饮食

注意饮食的多样性，摄入足够的蛋白质、碳水化合物、脂肪、维生素和矿物质。同时要按时进食，避免暴饮暴食或过度节食，保证身体获得稳定的能量供应。

3. 适度运动

每周安排一些运动，如跑步、游泳、打球等，提高身体素质。学习或娱乐时，适时起身活动，避免久坐。

4. 保持卫生

定期洗澡、洗头、剪指甲，保持身体清洁。定期打扫卫生，保持宿舍或房间的整洁，营造良好的生活环境。

5.合理安排学习与娱乐

制订学习计划，合理安排每日的学习时间，高效完成学习任务。适度娱乐，在学习之余，适当参加娱乐活动，如看电影、听音乐、与朋友聚会等，有助于放松心情。

（二）追求精神层面的满足与成长

追求精神层面的满足与成长是一个深入且持久的过程，它涉及到对内心世界的探索、对知识的追求、对情感的升华，以及对人生意义的思考。大学生们可以从以下几点来追求精神层面的满足与成长。

1.阅读与学习

阅读是拓宽视野、丰富内心世界的重要途径。阅读可以深化对人生和社会的理解。同时，不断学习新知识、新技能，也能提升自我认知。

2.内省与反思

定期进行内省和反思，有助于了解自己的内心世界，识别自身的优点和不足。通过反思自己的行为、情感和思维，可以调整自己的态度和行为，进而实现个人成长。

3.培养兴趣爱好

兴趣爱好是精神层面的重要滋养。找到自己真正喜欢的事情，并投入其中，可以获得无尽的乐趣和满足感。兴趣爱好也能成为与他人交流的桥梁，丰富社交生活。

4.建立积极的人际关系

建立积极的人际关系可以获得情感上的支持和精神上的鼓励。通过与他人交流、分享和合作，可以拓宽自己的视野，获得新的启示和成长。

5.坚定正确的价值观

坚定正确的价值观可以在面对困难和挑战时保持勇敢，也能指导自己的行为，使自己成为一个有道德、有责任感的人。

6.关注身心健康

身心健康是精神层面成长的基础。养成充足睡眠、合理饮食、适度运动等良好的生活习惯，有助于保持精力充沛、思维敏捷。同时，学会管理情绪、缓解压力是维护精神健康的关键。

总之，追求精神层面的满足与成长是一个全方位的过程，需要不断地学习、反思、实践和调整。通过不断努力，可以逐渐提升自己的精神境界，获得更加充实和有意义的人生。

三、实现生命的价值与意义

（一）积极投身于社会实践和志愿服务

大学生可以通过学校的就业指导中心、学生会、社团等组织获取社会实践信息，寻找合适的实践机会。结合自己的专业和兴趣选择实践项目，这样既能锻炼专业技能，又能深入了解行业。要制订实践计划，明确实践目标、任务和时间安排，确保实践活动的有序进行。还要注重团队协作与沟通，学会与团队成员协作，共同解决问题，同时提高沟通能力。

此外，还可以加入学校的志愿者协会或社区的志愿服务团队，参与志愿服务活动，同时结合自身专业和特长，策划并开展志愿服务项目，如支教、环保宣传、助老助残等。在服务过程中，培养奉献精神，关心他人，乐于助人，为社会贡献自己的力量。

（二）注重个人成长与全面发展

学术学习是大学生个人成长与全面发展的基石。通过系统学习专业知识，大学生能够构建扎实的理论框架，为未来的职业发展提供有力支撑。同时，积极参加科研项目、学术竞赛等活动，可以进一步拓展学术视野，提升研究能力。

实践能力的提升对于大学生的全面发展至关重要。通过实习、志愿服务、社团活动等实践经历，大学生可以将所学知识应用于实际，培养解决问题的能力，并积累宝贵的社会经验。这些实践经历不仅有助于提升大学生的职业素养，还能够增强他们的社会责任感。

身心健康是大学生个人成长与全面发展的前提。大学生应该注重养成良好的生活习惯，包括合理饮食、规律作息和适量运动。同时，学会调节情绪、保持积极心态，也是身心健康的重要方面。通过关注身心健康，大学生能够保持充沛的精力，更好地投入到学习和生活中。

人际交往和沟通能力的培养也是大学生个人成长与全面发展的重要方面。通过与不同背景的人交流互动，大学生可以拓宽人际关系网络，提升团队协作能力。同时，学会有效沟通、倾听他人意见、表达自己的想法，有助于建立良好的人际关系，提高个人影响力。

审美情趣和人文素养的提升有助于大学生形成独特的人格魅力。通过学习艺术、文学、历史等领域的知识，大学生可以丰富自己的精神世界，提升文化品位。人文素养的积累不仅有助于提升大学生的综合素质，还能够为职业发展提供更为广阔的视野。

（三）保持开放的心态和终身学习的理念

在如今快速变化的社会中，保持开放的心态和终身学习的理念是大学生不断成长和进步的关键。

1. 保持开放的心态

接纳多样性。尊重并接纳不同的观点和文化，避免陷入思维定势。通过接触不同的人和事物，拓宽自己的视野和认知。

保持好奇心。对未知领域保持好奇心，勇于尝试新事物，不断探索和学习。好奇心能够激发求知欲，推动个人不断成长。

积极面对挑战。将挑战视为成长的机会，而非障碍。面对困难时，保持积极的心态，相信自己有能力克服困难。

2. 树立终身学习的理念

明确学习目的。认识到学习不仅仅是为了应对考试或获得学位，更是为了不断提升自己，适应社会的发展。将学习视为一种生活方式，而非阶段性任务。

持续自我提升。无论在学校还是职场，都要保持学习的热情和动力。通过参加课程、阅读书籍、参加讲座等方式，不断更新自己的知识和技能。

学会自主学习。掌握有效的学习方法，培养自主学习的能力。学会制订学习计划、管理时间、评估学习效果，使学习成为一种自觉的行为。

3. 实践与应用

将学习与实践相结合。将所学知识应用于实际生活中，通过实践来检验和巩固学习成果。实践能够帮助大学生更好地理解知识、提升能力。

与他人交流分享。与同学、老师、朋友等人分享自己的学习心得和体会，听取他们的意见和建议。通过交流分享，可以拓宽思路、激发灵感，促进个人成长。

总之，大学生要保持开放的心态和终身学习的理念，只有这样，才能在不断变化的社会中保持竞争力，实现个人和社会的共同发展。

第九单元

尊重生命的权利

单元目标 ∨

◇ 理解生命权利的基本概念、内涵及其与其他权利的关联，认识到生命权利作为基本人权的重要性和必要性。

◇ 掌握尊重生命的实践要求，明确在日常生活和社会实践中如何践行尊重生命的理念，具备维护生命权利的基本能力和素养。

◇ 培养提升生命权利观念的意识与能力。

认知提示 ∨

◇ 生命的存在是个体与生俱来的权力，即生存权。生命与生命之间有平等的生存权，任何人不能随意剥夺其他人的生命，任何物种也不能随意剥夺其他物种的生存权。人是自然界中存在理性的生物，却也并非万物的主宰。因此，人类既要尊重自身的生存环境——人类社会和自然界，也要尊重构建了人类生存环境的其他生命体。

思考与实践 ∨

◇ 观看电影《第二十条》，思考在面对社会事件时，应该如何发挥自己的作用，为尊重生命贡献一份力量。

活动设计 ∨

◇ 确定一个与生命权利相关的辩论主题，如"科技进步与生命权利的平衡""动物权利与人类利益的冲突"等，分组围绕辩论主题进行资料收集、观点整理和辩论准备。利用生命权利辩论赛，充分表达自己的观点，加深对生命权利观的理解。

社会是由个人以不同的方式联合构成的，马克思说过，全部人类历史的第一个前提无疑是有生命的个人的存在。一个国家和民族的兴衰的基本标志就是人口的存在和繁衍状态，人兴则国兴，人衰则国危。人的生命存在，是社会存在和发展的最根本的资源，也是社会所追求的最基本的价值目标。个人的生命存在是每个人不可被剥夺的权利，理应受到全社会的承认、尊重和维护。

模块一　生命权利的基本概念

一、生命权利的内涵

生命权利是以自然人的生命安全利益为内容的人格权，是体现人的尊严和基本价值的权利。《中华人民共和国民法典》第一千零二条规定："自然人享有生命权。自然人的生命安全和生命尊严受法律保护。任何组织或者个人不得侵害他人的生命权。"

（一）生命权利的定义

生命权利是每个生命个体所固有的、不可剥夺的基本权利。理解生命权利这一概念，不仅是学术上的需求，更是培养健全人格和社会责任感的重要一环。这一权利不仅仅关乎个体的生存，更体现了对生命尊严的尊重。生命权利不仅仅意味着活着的权利，更包括个体应享有的尊严、安全和福祉。

首先，生命权利强调的是生命的平等和尊严。每一个生命，无论其种族、性别、年龄、宗教信仰或社会地位如何，都应被平等对待，其生存和发展的权利都应得到充分保障，这种权利不应受到任何形式的侵犯。每个人都有权利以安全和有尊严的方式生活。这种平等不仅体现在法律条文上，更应成为我们内心深处的信念和行动准则。

其次，生命权利也涵盖了生命个体对自身生命的自主决定权。这包括生殖权利、健康权利以及拒绝非人道医学实验的自由等。个体有权决定自己的身体和生命如何被对待，这一权利应当得到法律和社会的尊重和保护。例如，我们可以选择适合自己的生活方式，拒绝有害健康的行为，甚至在必要时寻求法律援助来保护自己的权益。

再次，生命权利还包括追求幸福和实现个人潜能的权利。幸福是每个人的基本追求，而实现个人潜能则是个体成长和自我实现的重要体现。大学生在学业和技能提升的过程中，应积极探索自己的兴趣和优势，努力追求个人的梦想和目标，实现自我价值。

最后，生命权利也强调了个人对社会的责任和义务。每个生命个体都是社会大家庭的一员，我们不仅要关注自己的权益，也要尊重和保护他人的权益。通过参与社会公益活动，关爱弱势群体，我们可以将生命权利的理念转化为实际行动，为社会贡献自己的力量。

由此可见，生命权利是一个多维度、深层次的概念，它关乎个体的生存、尊严、自主决策、幸福追求、潜能实现以及社会责任等多个方面。我们强调每一个生命都应被平等对待，其生命权利都应得到充分保障。这不仅是法律的要求，更是道德和人性的体现。对于大学生而言，深入理解并践行生命权利的理念，将有助于学生更加珍惜生命，积极面对生活中的机遇和挑战，实现个人的全面发展并推动社会的共同进步。

（二）生命权利的历史演变

生命权利观念经历了漫长的发展与变化过程。这一发展变化过程不仅反映了中国社会政治、经济、文化等方面的变迁，也深刻影响了人们对生命价值的认知。

在中国古代社会，传统的儒家思想占据主导地位，强调"仁、义、礼、智、信"等道德观念。在这种思想体系下，生命被视为一种天然的存在，具有至高无上的价值。例如，《孝经》中提到"身体发肤，受之父母，不敢毁伤，孝之始也"，强调保护自己的身体和生命是对父母的孝顺，也是对社会的责任。

然而，由于受到古代社会的封建等级制度和封建伦理观念的束缚，生命权利并未得到充分的尊重和保障。普通民众的生命往往受到贵族、官僚等特权阶层的压迫，甚至在某些情况下，生命可以被随意剥夺。

随着近代中国社会的变革，生命权利观念开始发生转变。在近代民主革命时期，一批先进的知识分子开始倡导人权、民主等现代价值观念，生命权利也逐渐被纳入其中。他们向国人介绍生命权利的重要性，呼吁保障人民的生命安全。

中华人民共和国成立后，中国政府高度重视人民的生命权利保障。保护公民生命权的精神体现在我国宪法中。《中华人民共和国宪法》第三十三条："凡具有中华人民共和国国籍的人都是中华人民共和国公民。中华人民共和国公民在法律面前一律平等。国家尊重和保障人权。任何公民享有宪法和法律规定的权利，同时必须履行宪法和法律规定的义务。"这一规定为保障公民的生命权利提供了坚实的法律基础。同时，政府也采取了一系列措施，如加强医疗卫生体系建设、提高公共安全水平等，以保障人民的生命安全。

改革开放以来，中国社会经济快速发展，人民生活水平显著提高，生命权利观念也得到了进一步的强化。人们更加注重个人的生命尊严和价值，对生命安全的需求也日益增强。政府也积极响应这一需求，不断完善法律法规，加强执法力度，严厉打击侵犯生命权利的违法犯罪行为。

进入新时代，中国生命权利观念的发展进入了一个新的阶段。随着全面依法治国的深入推进，生命权利保障的法律体系更加完善，司法保护、执法力度以及公民的法律意识也大幅提高。同时，随着社会文明程度的提高，人们对生命权利的认识也更加深刻和全面。人们开始关注生命权利与其他权利的相互关系，如生命权与健康权、隐私权等的关系，并积极探索如何在保障生命权利的同时，促进社会的和谐与进步。

二、生命权利与其他权利的关联

（一）生命权利与自由权利

自由权利，包括言论自由和行动自由，是人类基本权利的重要组成部分，它与生命权利之间存在着深刻的内在联系。

生命权利是最基本的人权。没有生命权利，其他一切权利都无从谈起。因此，生命权利是其他权利的前提和基础。

言论自由是个人表达自己观点和思想的自由，它是民主社会的基石。言论自由与生命权利之间的联系在于，言论自由可以视为生命权利的一种延伸。一个人只有在他或她的生命得到保障的情况下，才有可能自由地表达自己的观点和思想。同时，言论自由也是保护生命权利的重要手段。通过自由发表言论，人们可以揭露侵犯生命权利的行为，引起社会的关注，从而促进生命权利的保护。

行动自由则是指个人在法律规定范围内自由行动的权利。行动自由与生命权利之间的联系同样紧密。一个人只有在生命得到保障的情况下，才能自由地行动，追求自己的目标。同时，行动自由也是保护生命权利的重要方式。例如，在面临生命威胁时，人们有权采取必要的行动来保护自己的生命。

言论自由与行动自由并不是绝对的，而是相对的。这种相对性主要体现在以下几个方面：首先，言论自由和行动自由是受到法律约束的。这意味着人们在行使这些自由时，必须遵守国家的法律法规，不得损害国家的、社会的、集体的利益和其他公民的合法的自由和权利。例如，言论自由并不包括煽动暴力、仇恨或歧视的言论，行动自由也并不允许个人进行违法犯罪活动。其次，言论自由和行动自由的行使也需要考虑到社会公德和公共利益。在公共场合，个人的言论和行为应当尊重他人的感受和权益，不得妨碍他人的正常生活和工作。例如，在公共场合大声喧哗或进行不雅行为，可能会对他人的生活造成干扰，这是不被社会所接受的。最后，言论自由和行动自由的相对性还体现在它们与其他权利的平衡上。在某些情况下，为了保障其他重要权利（如生命权、财产权等），可能需要对言论自由和行动自由进行一定的限制。例如，在紧急情况下，政府可能会采取措施限制人们的行动自由，以防止疾病的传播或维护公共安全。

总的来说，言论自由和行动自由的行使需要遵守法律法规，尊重社会公德和公共利益，并与其他权利保持平衡。这种相对性体现了权利与责任、自由与约束的辩证关系。

（二）生命权利与平等权利

生命权利与平等权利是两个紧密相连的概念，它们在促进社会平等中起着重要作用。生命权利是每个人最基本的人权，它保证了每个人的生存和安全。而平等权利则强调每个人在社会中应享有同等的权利和机会，无论性别、种族、宗教信仰、社会地位等。

生命权利的保障是实现社会平等的基础。只有当每个人的生命权利得到充分保障时，人们才有可能站在同一起跑线上，追求自己的梦想和目标。如果生命权利受到威胁或侵害，那么其他一切权利都将无从谈起，社会平等也就无法实现。

生命权利的尊重和保护有助于消除社会歧视和偏见。当社会承认并尊重每个人的生命权利时，就会更加关注每个人的生存状况和发展机会，尤其关注弱势群体。这种对生命权利的尊重和保护，有助于营造一个更加公正、包容的社会环境。

生命权利的实现有助于促进社会资源的公平分配。当每个人的生命权利都得到保障时，社会就会更加关注公共资源的合理分配，以确保每个人都能享受到基本的生活保障和发展机会。这种资源的公平分配，有助于缩小贫富差距，促进社会平等。

生命权利与平等权利的相互促进有助于构建和谐社会。当每个人的生命权利和平等权利得到充分保障时，人们就会更加积极地参与到社会生活中来，共同为社会的繁荣和发展作出贡献。这种积极参与和贡献，有助于增强社会的凝聚力和向心力，促进社会的和谐与稳定。

（三）生命权利与发展权利

发展权利是指每个人都有权参与、促进并享受经济、社会、文化和政治发展所带来的利益。保障生命权利对于个人和社会的发展具有积极意义。它不仅为个人的成长提供了安全支持，还为社会的和谐、文明和经济发展奠定了坚实的基础。生命权利对个人发展的积极意义包括：

1. 提供安全感

生命权利的保障可以为个人带来安全感。当一个人知道自己的生命安全得到法律和社会的保障时，他将更加积极地面对生活，从而有更多的精力和机会去追求个人的发展。

2. 促进教育和学习

在生命权利得到保障的环境下，个人更有可能接受良好的教育，因为他们不必担心基本的生存问题。教育是个人发展的重要基石，不仅能够开阔视野，还能提升个人的综合素质和职业技能。

3. 增强社会责任感

当个人的生命权利得到尊重和保障时，他们更有可能承担社会责任，愿意为社会的和谐与进步贡献自己的力量。这种社会责任感是个人成长的重要推动力。

生命权利对社会发展的积极意义包括：

1. 构建和谐社会

当社会中每个成员的生命权利都得到充分保障时，社会的和谐稳定就有了坚实的基础。这有助于减少社会冲突和暴力事件，为社会的持续发展创造有利环境。

2. 提升社会文明程度

对生命权利的尊重和保障反映了一个社会的文明程度。一个高度重视生命权利的社会，往往会在道德、法律和文化等多个层面都体现出对人和生命的尊重。这种对生命权利的尊重和保障，会推动社会整体文明水平的提升。

3. 促进经济繁荣

在一个生命权利得到充分保障的社会中，人们更有可能积极地参与到经济活动中去，推动经济的繁荣和发展。同时，良好的社会环境也会吸引更多的投资和人才，进一步促进经济的增长。

三、生命权利的当代意义

（一）生命权利在法治建设中的作用

生命权利是最基本的人权，法律的制定和实施，首先要确保每个人的生命权利不受侵犯。这种对生命权利的尊重和保护，体现了法治社会对人的基本尊重和关怀。

在制定法律时，必须充分考虑并尊重每个人的生命权利。这意味着，任何可能威胁到人们生命安全的法律法规都需要被重新审视和修正。同时，法律也需要保障人们的生命权利，例如，制定严格的刑罚来惩罚那些侵犯他人生命权利的人。

在法律实施的过程中，必须始终坚持生命至上的原则，确保每个人的生命权利得到充分的保障。这要求执法者和司法者在处理案件时，必须充分考虑和尊重涉案人员的生命权利，避免因执法不当而导致对生命权利的侵犯。

当每个人都意识到自己的生命权利得到法律的保障时，他们就会更加信任和尊重法律，从而更加积极地参与到法治社会的建设中来。这种全民参与的法治建设，不仅能够提升整个社会的法治水平，还能够为每个人的生命权利提供更加坚实的保障。因此，在法治建设中，我们必须始终坚持尊重和保障每个人的生命权利，以构建一个更加公正、和谐、有序的法治社会。

（二）生命权利在道德建设中的地位

生命权利在道德建设中具有举足轻重的地位。对于大学生而言，理解生命权利在道德层面的意义，有助于培养他们的道德责任感和公民意识。

生命权利是道德建设的基础。道德，作为社会行为的规范，其核心在于对人的尊重与关怀。生命权利正是这一核心的具体体现，它强调每个人的生命都是宝贵的、不可侵犯的。一个连生命权利都不尊重的社会，其道德体系往往是脆弱的、不完整的。

生命权利在道德教育中占据重要地位。通过教育和引导，我们可以将生命权利内化为个体的道德信念和行为准则，帮助人们树立正确的人生观和价值观，培养人们的道德责任感和公民意识，指引人们成为有道德、有责任感的公民。

生命权利有助于塑造个体正确的道德价值观，从而提升社会整体道德水平。当人们普遍认同并践行生命权利时，尊重生命、珍爱生命就会成为社会的共同价值观。这种价值观将引导人们更加关注他人的生命安全和福祉。这种正向的道德风尚，不仅能够提升个体的道德素质，还能够促进整个社会的道德进步。

对于大学生而言，深入理解并践行生命权利观，有助于他们成为有道德、有责任感的公民，为社会的和谐与进步贡献力量。

（三）生命权利在当代社会的实践挑战

在当代社会，随着经济的飞速发展、科技的日新月异以及社会结构的深刻变革，生命权利保护面临着诸多新问题与新挑战。

1. 经济发展与生命权利保护之间的张力

经济的快速发展使得人民生活水平显著提高，但同时也给生命权利保护带来了新的问题。一方面，经济发展需要开发和利用资源，这可能导致环境污染、生态破坏等问题，进而威胁到人们的生命健康。例如，工业污染、重金属超标等环境问题引发的健康问题日益凸显，给生命权利保护带来了严峻挑战。另一方面，经济发展使得社会竞争压力增大，人们面临更多的工作压力和生活压力，这可能导致心理压力过大、身心健康受损等问题，这也对生命权利保护提出了新的要求。

2. 科技对生命权利保护的影响

科技的进步为生命权利保护提供了新的手段和可能性，但同时也带来了新的挑战。一方面，医疗技术的进步使得许多疾病得以治愈，延长了人们的寿命，提高了生命质量。然而，这也带来了诸如器官移植、基因编辑等伦理和法律问题，需要我们在保护生命权利的同时，谨慎对待科技进步带来的风险。另一方面，信息技术的快速发展使得个人信息更容易被泄露和滥用，侵犯隐私权等问题日益突出。如何在享受科技带来的便利的同时，保护好个人的生命权利，是当前亟待解决的问题。

3. 社会结构变革对生命权利保护的影响

社会结构的变革也给生命权利保护带来了新的挑战。随着城市化进程的加速，大量人口涌入城市，滞后的城市规划和基础设施建设可能导致生命安全隐患。同时，城乡差距、地区差距等问题依然存在，一些地区的医疗卫生条件较差，人们难以获得基本的医疗服务，生命权利难以得到有效保障。此外，社会老龄化趋势加剧，老年人的生命权利保护问题也日益凸显。如何构建更加完善的社会保障体系，确保老年人的生命安全和健康，是当前的重要任务。

4. 法律制度的完善与生命权利保护的需求

尽管人类社会已经建立了相对完善的法律体系来保障生命权利，但在实践中仍存在一些问题和挑战。一方面，法律制度需要不断更新和完善，以适应社会发展和科技进步带来的新情况、新问题。例如，对于新兴科技领域如人工智能、生物技术等可能带来的生命权利问题，需要制定相应的法律法规进行规范和引导。另一方面，法律制度的执行和司法实践也需要进一步加强。在实践中，一些地方存在执法不严、司法不公等问题，导致生命权利受到侵犯的情况时有发生。因此，需要加强执法力度，提高司法公正性，确保生命权利得到有效保护。

综上所述，当代社会中生命权利保护面临着诸多新问题与新挑战。我们需要从经济发展、科技进步、社会结构变革以及法律制度完善等多个方面入手，综合施策，加强生命权利保护工作，确保每个人的生命权利都能得到充分尊重和保障。

模块二 尊重生命的实践要求

尊重生命，既是一种深刻的道德观念，也是我们在日常生活中必须遵循的伦理原则。对于大学生来说，理解并践行这一原则，不仅关乎个人的道德修养，也是成为一个合格社会成员的基础。尊重生命，首先要认识到每一个生命都是独特且不可复制的。无论是人类还是其他生物，每一个生命都有其存在的价值和意义。尊重生命，就是尊重生命的独特性、尊严和权利。

一、尊重生命的伦理原则

（一）不伤害原则

我们应避免对生命造成不必要的伤害，这意味着我们要谨慎行事，确保自己的行为不会给其他生命带来不必要的痛苦或损害。例如，在实验室进行动物实验时，应严格遵守伦理规范，确保实验的必要性和合理性，并尽量减少动物的痛苦。

（二）救助原则

救助原则强调生命至上，要求我们在遇到需要救助的情况时，把保护生命放在首位，及时、有效地提供帮助。同时，救助应公平、公正，不因任何偏见而有所偏颇。对于大学生而言，理解救助原则有助于培养社会责任感，为未来的职业生涯奠定坚实的道德基础。无论是在专业领域还是日常生活中，都应将救助原则内化于心，积极付诸实践，守护每一个生命。

（三）尊重自主权原则

我们应尊重每个生命的自主权和选择权。这意味着我们要尊重他人的意愿和决定，不强制他人接受我们的观点或做法。在教育环境中，教师应尊重学生的个性和兴趣，鼓励他们自由发表意见和选择自己的发展道路。

（四）公正原则

我们应公平地对待每一个生命，不偏袒、不歧视。在社会资源分配中，个人不应该因为种族、性别、宗教信仰或其他因素而受到不公平的对待。

二、尊重生命的社会责任

（一）政府的责任

政府在保护公民生命权利方面肩负着重要职责。政府需制定和完善相关法律法规，确保公民生命权利得到充分保障。以《中华人民共和国刑法》为例，它对严重侵犯生命权利的行为作了明确规定，并施以严厉的刑事处罚，彰显了法律对生命的尊重和对生命权利的保护。

除了立法层面，政府还需加强执法力度，确保法律得到有效实施。这包括建立高效的执法体系，提高执法人员的专业素质，以及加强对违法行为的监督和惩处。

政府还应积极推动生命教育的宣传工作，提高公众对生命尊严和权利的认识。政府教育部门要积极推进生命教育课程体系的完善，确保每个阶段的学生都能接受相关的教育。通过举办各类生命教育活动、制作和播放宣传片等方式，引导公众树立正确的生命观和价值观，营造尊重生命、珍爱生命的社会氛围。妇女联合会、环境保护部等相关部门要积极回应社会对于"生命权利"的诉求，推动政策制定、实施、监督和完善。

（二）社会的责任

社会各界在营造尊重生命的社会氛围中发挥着积极作用。教育机构应将生命教育纳入课程体系，从小培养学生尊重生命、珍爱生命的意识。媒体也应承担起宣传生命价值观的责任，通过报道正面典型、曝光违法行为等方式，引导公众形成正确的生命观。

各类社会组织和团体可以积极开展有关生命教育的公益活动，提高公众对生命的关注和尊重。企业也应承担起社会责任，关注员工福利和安全生产，杜绝生产过程中的安全隐患。

（三）个人的责任

我们每个人都有责任尊重生命、维护生命权利。

首先，我们要树立正确的生命观和价值观，认识到生命的独特性和宝贵性。在日常生活中，我们要遵守法律法规和社会道德规范，不参与任何形式的暴力和违法行为。

其次，我们要积极参与到保护生命的行动中。这包括关注环保问题、参与动物保护活动、为弱势群体提供帮助等。通过实际行动表达我们对生命的尊重和关爱。

最后，我们还要不断提高自身素质和能力水平，为更好地保护生命贡献自己的力量。这包括学习急救知识、提高自我防范意识等。只有每个人都肩负起尊重生命的社会责任，我们才能共同营造一个和谐、美好的社会环境。

三、尊重生命的法律法规

对生命的尊重与敬畏也在我国的法律法规中得到了充分体现。随着法治建设的不断推进，我国法律对生命权利的保护也日益完善。

（一）宪法中关于生命权的规定

《中华人民共和国宪法》第三十三条规定："中华人民共和国公民在法律面前一律平等。"这一条款确保了公民在法律上的平等地位，包括生命权利的平等。

《中华人民共和国宪法》第三十八条规定："中华人民共和国公民的人格尊严不受侵犯。禁止用任何方法对公民进行侮辱、诽谤和诬告陷害。"这一条款可以解释为对生命尊严的保护，生命尊严是生命权的重要组成部分。

这些法律条款保障了公民生命权利的平等地位和生命尊严不受侵犯，任何组织或个人都不得侵害他人的生命权。

（二）刑法中关于生命权的规定

《中华人民共和国刑法》作为我国的刑事法律，对于生命权的保护有着严格且明确的规定。此处以故意杀人罪和过失致人死亡罪为例作出说明。

1. 故意杀人罪

《中华人民共和国刑法》第二百三十二条规定："故意杀人的，处死刑、无期徒刑或者十年以上有期徒刑；情节较轻的，处三年以上十年以下有期徒刑。"这一规定明确了对故意剥夺他人生命行为的惩罚，体现了法律对生命权的保护。

2. 过失致人死亡罪

《中华人民共和国刑法》第二百三十三条规定："过失致人死亡的，处三年以上七年以下有期徒刑；情节较轻的，处三年以下有期徒刑。本法另有规定的，依照规定。"这一规定旨在对那些因过失而导致他人死亡的行为进行惩处。

（三）民法典中关于生命权的规定

《中华人民共和国民法典》作为我国民事法律制度规范的整合，对生命权、健康权等人格权的保障进行了规定。

1. 生命权

《中华人民共和国民法典》第一千零二条规定："自然人享有生命权。自然人的生命安全和生命尊严受法律保护。任何组织或者个人不得侵害他人的生命权。"这一规定明确了生命权受到法律的严格保护。

2. 健康权

《中华人民共和国民法典》第一千零四条规定："自然人享有健康权。自然人的身心健康受法律保护。任何组织或者个人不得侵害他人的健康权。"健康权与生命权紧密相连，个人有权维护自己的身心健康。这些规定共同构成了对生命权的保障，确保了公民的基本权益。

（四）不足和展望

目前，保障生命权利的法律法规尽管在保障生命安全和健康方面取得了一定成效，但仍然存在一些不足，具体表现在以下几个方面。

1. 法律体系不完备

现有保障生命权利的法律法规体系尚不完善，有关生物安全、生态安全等新兴领域的法律法规相对滞后，无法有效应对日益复杂的生命安全问题。

2. 地方法规缺乏针对性

在地方层面，保障生命权利的法律法规缺乏针对性，往往简单复制国家层面的法律法规，未能充分考虑到地区差异和具体问题的特殊性，导致法律执行效果不佳。

3. 法律执行和监管不力

在法律的执行和监管方面，存在执法不严、监管不到位的问题，导致一些违法行为得不到及时有效的惩处，影响了法律的权威性和有效性。一方面，现有的法律救济程序可能过于繁琐和复杂，导致受害者难以承受长时间的诉讼过程；另一方面，一些地区的司法实践中可能存在对生命权案件处理不当的情况，如判决不公、执行不力等，进一步削弱了法律对生命权的保护力度。

针对上述不足，改进和完善方向包括：

1. 完善立法体系，加强生命权的法律保护

加强对生命权相关法律的研究和修订工作，及时回应社会发展和人民需求的变化，增强法律的时效性和适应性。

2. 制定更具针对性的地方法规

应充分考虑地区差异和具体问题的特殊性，制定更具针对性和可操作性的法律法规，确保法律法规能够真正落地生效。

3. 强化法律执行和监管

加强执法队伍建设，提高执法人员的素质和能力，确保保障生命权利的法律法规得到严格执行。同时，加强监管力度，建立健全监管机制，确保法律的有效实施。

模块三　生命权利观念的培育与提升

一、生命权利观念的教育途径

（一）自我教育

自我教育是提升个体对生命权利认识的重要途径。它强调个体通过自我反思、自我学习和自我实践，不断深化对生命权利的理解和尊重。在这个过程中，个体需要培养自我主体性，即意识到自己作为生命主体的价值和意义，同时也要培养主动精神，积极寻找和学习关于生命权利的信息和知识，不断提升自身的素养。

具体来说，自我教育可以通过阅读相关书籍、观看纪录片、参加讲座等方式进行。个体还可以选择加入相关的社团或组织，与志同道合的人一起探讨和交流对生命权利的看法和认识。通过这些方式，个体可以更加深入地了解生命权利的内涵和价值，从而在日常生活中更好地践行尊重和保护生命权利的理念。

（二）学校教育

学校教育是培养生命权利观念的重要场所。学校不仅可以通过课程设置和教学内容来传递生命权利的观念，还可以通过各种教育活动和校园文化来营造尊重生命权利的校园氛围。

在课程设置方面，学校可以将生命权利教育融入思想品德、道德与法治等相关课程中，引导学生思考和讨论与生命权利相关的话题。同时，学校还可以组织专题讲座、主题班会等活动，邀请专业人士或老师为学生讲解生命权利的重要性和保障方式。

在教育活动方面，学校可以开展以生命权利为主题的征文比赛、演讲比赛等，鼓励学生积极参与并表达对生命权利的理解和看法。此外，学校还可以通过组织社会实践活动，如参观相关机构、参与志愿服务等，让学生在实践中尊重和保护生命权利。

（三）家庭教育

家庭教育是个体成长的摇篮，对塑造个体的生命权利的观念具有潜移默化的影响。家长作为孩子的第一任教育者，他们的言传身教对孩子形成正确的生命权利观念至关重要。

家长要树立正确的生命权利观念，并在日常生活中践行这些观念，为孩子树立良好的榜样。例如，家长可以引导孩子关注身边的生命现象，教育他们尊重每一个生命，不随意伤害动植物等。

家长要与孩子进行开放、平等的沟通，鼓励他们表达自己的看法和感受，培养他们的独立思考能力。同时，家长还可以通过讲述相关故事或案例，帮助孩子理解生命权利的重要性和保护方式。

（四）社会教育

社会教育是提升公众生命权利意识的重要途径之一。社会资源如博物馆、图书馆、公益广告等都可以成为宣传和教育生命权利观念的平台。博物馆和图书馆等文化机构可以通过展览、讲座、研讨会等形式向公众普及生命权利的知识。例如，博物馆可以策划关于生命科学的展览，让公众了解生命的奥秘和价值；图书馆则可以提供丰富的阅读资源，帮助公众深入了解生命权利观念的内涵和意义。

此外，公益广告也是宣传生命权利观念的有效方式之一。通过电视、广播、网络等媒体平台播放关于尊重和保护生命权利的公益广告，可以引导公众形成有关生命权利的正确的价值观念和行为习惯。同时，社会组织和志愿者团体也可以积极开展关于生命权利的宣传活动和教育项目，提高公众对生命权利的关注和重视程度。

二、生命权利观念的媒体传播

（一）媒体及其分类

媒体，作为传播信息的媒介，也是宣传的载体和平台。在现代社会中，媒体承担着真实反映新闻事件，坚持正确的舆论导向，并推动社会公德建设等多重职责。同时，媒体也是传承文化、娱乐大众的重要工具。媒体可以分为传统媒体与新兴媒体。传统媒体主要包括报纸、期刊杂志、广播电台以及电视台等，它们通过文字、声音和图像等多种形式，向公众传递生命权利的重要性。新兴媒体则包括基于现代信息技术和互联网技术而发展起来的新的传播渠道和终端，以及运营这些渠道和终端上的相关应用的机构，它们具有传播速度快、互动性强等特点，能够迅速地将生命权利观念传递给更广泛的受众。

（二）媒体的角色

在传播生命权利观念的过程中，媒体扮演着举足轻重的角色。首先，媒体是信息的传递者，它们通过报道相关新闻、制作专题节目等方式，向公众普及生命权利的知识和理念。其次，媒体是舆论的引导者，它们通过发表评论、邀请专家解读等方式，帮助公众正确理解生命权利观，并形成良好的社会舆论氛围。最后，媒体还是社会问题的监督者，它们通过曝光侵犯生命权利的行为，引起社会的关注，从而推动相关问题的解决。

（三）媒体内容的引导

媒体内容对于引导公众形成正确的生命权利观具有重要作用。一方面，媒体应该选择具有正面引导作用的新闻报道和节目内容，展示尊重和保护生命权利的典型案例，引起公众的共鸣。另一方面，媒体也应该对侵犯生命权利的行为进行深刻的剖析和批评，帮助公众认清其危害性和错误性。通过这样的引导，媒体可以帮助公众建立起正确的生命权利的观念，营造尊重和保护生命的社会氛围。

（四）媒体素养的培养

提高公众的媒体素养对于正确理解和传播生命权利的观念具有重要意义。媒体素养不仅包括识别和理解媒体信息的能力，还包括批判性地分析媒体内容、有效利用媒体资源等能力。通过培养媒体素养，公众可以更加明智地选择和接受媒体信息，避免被误导或产生误解。同时，具备良好媒体素养的公众还能够积极参与到媒体互动中，发表自己的观点和看法，推动生命权利观念的广泛传播。因此，我们应该重视并加强公众媒体素养的培养工作。这可以通过开展媒体素养教育、举办相关讲座和活动等方式来实现。只有这样，我们才能更好地利用媒体来传播和弘扬正确的生命权利观念。

三、生命权利的法律实践与案例分析

（一）生命权利保护案例

在司法实践中，有许多涉及生命权利保护的典型案例。其中，李某在医院摔伤案就是一个值得关注的例子。李某在医院楼道摔倒，导致右锁骨粉碎性骨折，并被认定为十级伤残。在此案中，医院和第三方责任人之间就责任问题产生了争议。最终，李某通过法律途径解决了赔偿问题，保障了自己的生命健康权利。此案例提醒公众，在自身权益受到侵害时，应积极通过法律手段维护自己的权利。

（二）生命权利冲突案例

在特定情境下，生命权利可能会与其他权利发生冲突。例如，在医疗救治过程中，当医生认为某种治疗方案对患者最有利，但患者或家属因个人信仰、经济考虑等原因而拒绝接受，当双方产生矛盾冲突时，就需要法律的介入。在这种情况下，法律通常会倾向于保护患者的生命权利，同时也要求医生充分告知治疗方案的风险和益处，尊重患者的自主决策权。

（三）法律意识提升

通过以上法律实践案例分析，我们可以看到法律意识在保护生命权利中的重要性。因此，提升公众对生命权利保护的法律意识至关重要。这可以通过多种途径实现，如加强普法教育、举办法律讲座、开展模拟法庭等活动，让公众更直观地了解法律程序，提高法律意识。同时，媒体可以通过报道典型案例、普及法律知识等方式，提高公众的法律素养和维权意识。

第十单元

敬畏生命的尊严

单元目标 ∨

◇ 理解生命尊严的内涵与意义。

◇ 掌握敬畏生命的理念，并能够在实际生活中践行敬畏生命的理念，尊重自然，关爱他人，珍爱生命。

◇ 了解生命尊严观教育的实施策略，具备在日常生活和学习中推广和传承生命尊严观的能力。

认知提示 ∨

◇ 对于每一个体而言，生命不仅是唯一的，也是最宝贵的，生命神圣不可侵犯。任何生命都要有尊严地被对待，如此才能彰显生命的神圣、可贵和美好。以敬畏生命的态度对待自然界中的一切生命，维护生命的尊严，就能更好地体验到生命存在的美好和意义。

思考与实践 ∨

◇ 收集整理与生命尊严相关的真实案例，如医疗伦理争议、动植物保护事件等，思考生命尊严的内涵与意义。例如，王先生是一位先天性残疾人士，由于身体条件的限制，他不能像普通人一样行走，需要依靠轮椅出行。然而，王先生并没有因此放弃对生活的热爱和对自我价值的追求。王先生自幼就表现出对艺术的浓厚兴趣，他特别擅长绘画。尽管身体不便，但他坚持每天练习，不断提升自己的绘画技巧。通过多年的努力，他的画作逐渐受到了人们的认可和赞赏。然而，由于社会对残疾人士的偏见，他在求职和社交方面经常遭遇挫折。但王先生坚信，每个人都应该被平等对待，无论身体条件如何，都应该享有追求梦想和实现自我价值的权利。他积极参与各种艺术展览和交流活动，用自己的画作向世界展示残疾人士的生命尊严和才华。随着时间的推移，王先生的故事逐渐传开，越来越多的人开始关注和支持他的艺术事业。他的作品不仅在国内获得了多个奖项，还受到了国际社会的赞誉。

◇ 敬畏生命，是一种善良。"君子有三畏：畏天命，畏大人，畏圣人之言。"心有戒尺，方能行有所止。人活一辈子，既要敬天地，也要敬众生。如果一个人失了原则，什么都不怕，什么都不信，肆意妄为，必将受到应有的惩罚。敬畏生命的人懂得感恩大自然的馈赠，即使是身边的花花草草，也从不践踏。他们明白，即使是一只蚂蚁，一只小鸟，也都有活着的尊严，活着的权力。敬畏生命，不是居高临下的同情，也不是自我感动的满足，而是一种温暖你我的善良。万物都有尊严，簌簌落叶，在回归大地；无根野花，在绽放自己。一呼一吸，都是生命的力量。尊重每一个生命，善待身边的每一个事物，因为敬畏生命，也是善待自己。

◇ 阅读以上段落，小组合作设计一份以敬畏生命为主题的海报。

　　敬畏生命是一种人生态度，它要求我们珍视每一个生命，包括我们自己的生命和他人的生命。这意味着要尊重生命的尊严和价值，保护生命的权利，以及在任何情况下都不轻易放弃生命。要认真对待生命的脆弱性和不确定性，以及生命所面临的危险和挑战。意识到生命是短暂的，易逝的，因此我们要珍惜每一天，尽可能地让生命更有意义、更有价值。

模块一　生命尊严的内涵与意义

一、生命尊严的基本概念

　　尊严体现了对人生自信、负责的态度，但不是以自我为尊。真正拥有尊严的人不会把他人的好意当作施舍，而会慎重地接受并心怀感恩。因为大家都是平等的，即使穷困潦倒也不应放弃生命的尊严，不把自己放在一个低一等的位置来妄加揣测他人的好意。

（一）生命尊严的定义与特征

　　生命尊严，作为生命伦理学中的核心概念，也是一个多维度、深层次的概念，它不仅仅是对个体生命的尊重与珍视，更是人类精神价值和社会伦理规范的体现。在深入探讨生命尊严的定义与特征之前，我们首先需要明确，生命尊严是每一个生命个体所固有的、不可剥夺的权利。生命尊严涵盖了人类生命的整个过程，从出生到死亡，每一个阶段都应被赋予独特的尊严。

生命尊严，简而言之，是指每一个生命个体因其存在本身而享有的尊严。这种尊严不是外界赋予的，而是生命自身所固有的。每一个生命都是独一无二的，都有其存在的价值和尊严，这种价值和尊严不应因其年龄、性别、种族、信仰、社会地位等因素而有所差异。这种尊严不仅体现在物质生活的满足上，更体现在精神层面的尊重和关怀上。

生命尊严的特征体现在多个方面，它不仅是人类对生命本身的尊重，更是对生命过程和生命质量的追求。在现代社会中，我们应该积极倡导和践行尊重生命尊严的理念，通过法律制度、社会规范、文化教育等多种手段来保障每个人的生命尊严。以下是生命尊严的具体特征。

1. 生命尊严具有普遍性和绝对性

每个自然人都享有生命尊严，不论其社会地位、财富状况、年龄、性别或其他任何因素如何。生命尊严是每个人的基本权利，不应受到任何形式的侵犯或剥夺。同时，生命尊严是绝对的，它不会因为任何外部条件的变化而改变。

2. 生命尊严具有主观性

生命尊严是每个人对自我生命价值的内在体验和感受，它源于个体对生命的热爱和尊重。每个人对生命尊严的理解和追求可能有所不同，这取决于他们的个人经历、文化背景、信仰等因素。因此，尊重生命尊严就意味着尊重每个人的独特性。

3. 生命尊严具有不可剥夺性和不可替代性

生命尊严是每个人与生俱来的权利，不应被任何人或任何机构以任何理由剥夺。同时，生命尊严也是无法替代的，它无法通过金钱、权力或其他任何形式的物质利益来交换或替代。

4. 生命尊严具有动态性和发展性

生命是一个不断发展和变化的过程，生命尊严也会随之而发展。在生命的不同阶段，人们对生命尊严的理解和追求会有所不同。因此，尊重生命尊严就意味着要关注个体的生命过程，尊重其生命的成长和变化。

5. 生命尊严具有社会性和互动性

人是社会性动物，生命尊严的实现离不开社会的支持和保障。一个尊重生命尊严的社会，会为人们提供公平、正义、安全的环境和条件，使每个人都能够自由地追求和实现自己的生命价值。同时，生命尊严的实现也需要人与人之间的互动和合作，通过相互尊重、理解和支持来共同维护生命尊严。

（二）生命尊严在不同文化背景下的共性与差异

在不同文化背景下，生命尊严既有共性也有差异。共性在于，无论哪种文化，都强调对生命的尊重和珍视。然而，由于历史文化、宗教信仰、社会习俗等因素的影响，不同文化对生命尊严的理解和实践也存在差异。

1. 共性

生命尊严的共性主要包括对生命的尊重与珍视、对生命自主选择权的尊重以及对生命质量的追求。这些共性内容共同构成了生命尊严的核心，为我们在现实生活中尊重和保护每一个生命提供了重要的指导和依据。

第一，生命尊严的核心在于对每一个生命的尊重与珍视。这不仅仅是对人类生命的尊重，也包括对所有生物生命的尊重。每一个生命都有其存在的价值和意义，都应当受到平等的对待。无论是人类还是其他生物，都享有生存的权利，都应该被赋予尊严。

第二，生命尊严体现在对生命自主选择权的尊重上。这包括个人对自己生命方式的决定权，每个人都有权自主决定自己的生活和未来，包括选择职业、伴侣、生活方式等。在医疗决策中，对于涉及生命的重大决策，更应充分尊重患者的自主意愿。这种选择权是对个人生命尊严的尊重，也是对其生命自主权的保障。然而，需要注意的是，尊重生命自主选择权并不意味着放任自流。在保障个体权利的同时，也需要考虑到社会的整体利益和法律法规。

第三，生命尊严还体现在对生命质量的追求上。这不仅仅是指物质生活的富足，还包括精神生活的充实和满足。每个人都有权利追求有意义的生活，有权利享受生命中的快乐和幸福。

2. 差异

生命尊严的差异主要体现在不同文化、社会背景以及个体观念之间的差异上，这是一个复杂的话题。在理解和尊重生命尊严的过程中，我们需要考虑到这些差异，以更包容的态度面对不同的生命观和价值观。

第一，不同文化背景下的生命尊严有着显著差异。不同文化对生命尊严的理解和表达有着各自的特点。有些文化更强调个体的自由、权利和尊严的维护，注重个人选择和自主权。而有些文化则更注重集体的荣誉、家族的名声以及社会地位。这种差异导致人们在面对生命问题时，可能会有不同的态度和行为选择。

第二，不同社会背景下的生命尊严也会有差异。社会经济发展水平、法律制度、医疗保障水平等因素都会影响人们对生命尊严的认识。在经济发达、法制健全的社会中，个体的生命尊严往往能够得到更好的保障和尊重。而在一些经济落后、社会动荡的地区，生命尊严可能面临更多的挑战和威胁。

第三，不同个体对生命尊严的观念会存在差异。每个人对生命尊严的理解和追求都有所不同。有些人可能更注重身体健康、精神愉悦和社交关系等方面的尊严，而有些人则可能更看重知识、成就和社会地位等方面的尊严。这种差异导致人们在追求生命尊严的过程中，会有不同的侧重点和价值取向。

第四，生命尊严的差异还体现在对待生命终结的态度上。不同文化和社会背景下，人们对死亡的理解和处理方式也存在差异。有些人可能更倾向于接受自然死亡，尊重生命的自然规律，而有些人则可能更倾向于通过医疗手段延长生命，追求生命的延续。这种差异反映了人们对生命尊严的不同理解和追求。

（三）生命尊严的地位

生命尊严是人类文明的基石。只有充分尊重和保障每个人的生命尊严，才能激发人们的积极性和创造力，从而推动社会的进步和发展。同时，生命尊严也是衡量一个社会文明程度的重要标志之一。一个真正文明、进步的社会往往是一个尊重生命尊严的社会。

二、生命尊严的构成要素

（一）生理层面的生命尊严

身体健康是生命尊严的基石。一个健康的身体是个体实现自我价值、参与社会活动、享受生命乐趣的前提。当身体遭受病痛时，个体的生命尊严往往会受到不同程度的损害。因此，保持身体健康，预防和治疗疾病，是保障生命尊严的重要任务。在保持身体健康的过程中，我们需要关注营养摄入、运动锻炼、休息睡眠等多个方面。同时，我们还应该树立健康的生活观念，避免不良的生活习惯和行为，如过度饮食、缺乏运动、熬夜等。此外，当身体出现疾病或伤痛时，我们应积极寻求医疗帮助，配合医生的治疗方案，尽快恢复健康。

在追求生命延续的过程中，我们也应该尊重生命的自然规律，避免过度干预和滥用医疗技术。生命的有限性是人类存在的一部分，我们应该以平和的心态面对生命的终结，珍惜生命的过程。

生理层面的生命尊严不仅仅是个体的问题，也是社会需要关注的问题。社会应该提供相应的制度保障和公共服务，确保每个人都能够得到基本的医疗保障。政府应加大投入，提高医疗水平和服务质量，为公民提供优质的医疗服务。同时，加强健康教育，提高公民的健康素养，也是维护生理层面生命尊严的重要举措。

（二）心理层面的生命尊严

心理层面的生命尊严，是生命尊严不可或缺的重要组成部分。它主要体现在个体的自我意识觉醒和情感表达的自由与尊严上。一个人若能够清晰地认识自我，勇敢地表达情感，就会在内心深处体验到生命的尊严与价值。

自我意识是个体对自身存在、思想、情感和行为的认识和评价。一个具有强烈自我意识的人，能够清晰地认识到自己的独特性和价值，从而在日常生活中保持自尊和自信。这种自尊和自信是生命尊严的重要体现，它使个体能够勇敢地面对生活的挑战和困难，不屈不挠地追求自己的理想和目标。

然而，自我意识的觉醒并非一蹴而就。它需要个体在成长过程中不断地探索、反思和实践。教育者应该关注受教育者的自我意识发展，引导他们正确地认识自我，培养他们的自尊和自信。同时，社会也应该营造一个尊重个体差异、鼓励个性发展的氛围，为个体自我意识的觉醒提供有力的支持。

情感表达是个体将内心的情感通过语言、行为等方式传递给他人的过程。一个能够自由、真实地表达情感的人，能够与他人建立深厚的情感联系，体验到被理解、被接纳的温暖。这种情感的交流和共鸣是生命尊严的重要体现，它使个体在情感层面得到尊重和满足。

然而，在现实生活中，许多个体无法自由地表达情感，导致情感压抑或扭曲。这不仅影响了个体的心理健康，也削弱了他们的生命尊严。因此，我们应该关注个体的情感表达需求，为他们提供一个支持情感表达的环境，鼓励他们勇敢地表达情感。同时，我们也应该学会倾听和理解他人的情感，尊重他们的情感表达方式，共同营造充满爱与尊重的社会氛围。

维护和提升心理层面的生命尊严是一个长期而复杂的过程。个体需要不断地提升自我探索、情感调节和人际交往能力。同时，社会也应该加强心理健康教育和心理咨询服务，为个体提供必要的心理支持和帮助。此外，我们还可以通过艺术、文学、音乐等形式来丰富个体的情感体验，提升情感表达能力，从而进一步增强生命尊严感。

（三）社会层面的生命尊严

生命尊严在社会层面得到了广泛的关注，它不仅是个体心理与生理层面的反映，更是社会文化和制度建构下的产物。社会认同与尊严保障作为社会层面生命尊严的两个重要方面，共同构成了个体在社会中生命尊严的基础。

社会认同是指个体在社会中被接纳、认可和尊重。社会认同感的形成与多种因素有关，包括个体的社会地位、职业角色、文化背景以及社会评价等。在构建和谐社会的过程中，我们应积极营造尊重生命、包容、多元的社会氛围，让每个人都能在社会中找到自己的位置，实现自我价值。同时，我们还应通过教育、宣传等手段，引导人们树立正确的生命观和价值观，增强社会认同感和归属感。

尊严保障是指社会通过法律、政策等手段，为个体提供必要的保障和支持，确保其生命尊严不受侵犯。这包括保障个体的基本权利、营造公正的社会环境、打击侵犯生命尊严的行为等。为了确保生命尊严得到保障，我们需要不断完善法律法规，明确保护生命尊严的具体措施和责任主体。同时，执法部门还应加强执法力度，对侵犯生命尊严的行为进行严厉打击。此外，政府和社会组织也应积极提供公共服务，如教育、医疗、社会保障等，为个体生命尊严的保障提供有力支持。

在社会层面维护和提升生命尊严是一个系统工程，需要政府、社会组织和个体共同努力。政府应制定有利于保障生命尊严的政策法规，营造公平、正义的社会环境。社会组织应发挥桥梁纽带作用，促进不同群体之间的交流和理解，增进社会认同。个体则应积极提升自身素质和能力，增强社会竞争力，为实现生命尊严创造更多可能。

同时，我们还应关注社会弱势群体的生命尊严问题。由于各种原因，这些群体的生命尊严往往得不到保障。因此，我们应采取有针对性的措施，为他们提供必要的帮助和支持，保障他们的生命尊严。

三、生命尊严的意义与价值

（一）生命尊严对于个体发展的重要性

生命尊严是个体发展的基石。当一个人感受到自己的生命被尊重时，他会更加自信、更容易被激发出自我价值感。这种正面的自我认知能够鼓励个体勇敢地追求自己的梦想，克服困难，不断成长。同时，生命尊严也赋予了个体在面对挫折和困境时坚守自我、不屈不挠的力量。因此，维护生命尊严不仅关乎个体的心理健康，更是促进其全面、自由发展的关键。

（二）生命尊严对于社会和谐稳定的作用

尊重和维护每个个体的生命尊严有助于构建和谐稳定的社会环境。恩格斯认为，"平等应当不仅是表面的，不仅在国家的领域中实行，它还应当是实际的，还应当在社会的、经济的领域中实行"，当一个社会能够充分尊重和保障每个人的权利和尊严时，其成员会更加倾向于相互理解、包容与合作，而不是冲突与对抗。这种社会氛围有利于减少社会矛盾，增强社会凝聚力，从而促进社会的长期稳定和繁荣发展。

（三）生命尊严对于人类文明进步的贡献

维护生命尊严对人类文明的进步起到了重要的推动作用。首先，尊重生命尊严是人类伦理道德的重要组成部分，它促使我们反思和审视自身行为对他人的影响，进而推动社会公正与道德水平的提高。其次，对生命尊严的倡导和实践激发了人类对于自由、平等、博爱的追求，这些价值观是现代文明社会的基石。最后，通过保障每个个体的生命尊严，我们能够释放出更大的社会活力和创造力，推动科技、艺术、哲学等各个领域的繁荣与发展。

综上所述，生命尊严不仅是个体发展的基础，也是社会和谐稳定的保障，更是人类文明进步的重要推动力。因此，我们应该深刻理解并珍视生命尊严的意义与价值，努力构建一个尊重和保护每个人生命尊严的社会。

模块二　敬畏生命的理念与实践

一、敬畏生命的理念阐释

敬畏生命，本质上体现了人类对于生命的尊重、珍视和谨慎的态度。

（一）敬畏生命的内涵与本质

敬畏生命，首先意味着对生命的尊重。每一个生命体，无论其形态如何，都是宇宙的一部分，都拥有其独特的价值和意义。敬畏生命就是要对每一个生命体持有平等的尊重，不因其弱小或强大而有所偏颇。其次，敬畏生命也包含着对生命的珍视。这要求我们不仅要关注自身的生命，还要关心他人的生命，以及整个生态系统的平衡。最后，敬畏生命还表现为对生命的谨慎态度。生命是脆弱的，在对待生命时，我们应保持谨慎和敬畏，避免轻率地伤害或剥夺生命。这既是对生命的尊重，也是自身责任的体现。

敬畏生命的本质，在于其体现了一种深刻的生命伦理观。它要求我们在面对生命时，始终保持一种谦卑、审慎和负责的态度。同时，敬畏生命的本质也在于其尊重生命的神圣性与不可侵犯性。此外，敬畏生命的本质还体现在其对于人类行为的规范与引导上。它提醒我们在面对生命时，要遵循一定的道德准则和行为规范，避免伤害生命。这种规范与引导不仅有助于维护生态系统的平衡，也有助于提升人类自身的道德水平和精神境界。

在生命学的视野中，敬畏生命不仅是一个伦理原则，更是一种生命智慧，其内涵与本质体现了人类对于生命的尊重、珍视和谨慎态度。它帮助我们理解生命的价值，指导我们如何对待生命，如何在与生命互动的过程中实现自我成长与提升。

（二）敬畏生命理念在东西方哲学中的体现

在东方哲学中，敬畏生命理念与天人合一、尊重自然等思想紧密相连。儒家思想强调仁爱之心，即对生命的关爱。儒家认为，人应当怀有恻隐之心，对他人乃至天地万物都怀有敬畏与同情。这种思想体现了对生命尊严与价值的深刻认识，也是儒家伦理道德体系的重要基石。

道家哲学则倡导顺应自然、无为而治，强调对生命自然状态的尊重与保护。道家认为，万物皆应顺应自然之道，人类亦应如此。过度干预自然、破坏生态平衡，就是对生命的亵渎与不尊重。因此，道家提倡尊重生命的自然规律，保持与自然的和谐共生。

在西方哲学中，敬畏生命理念同样得到了广泛的关注与探讨。古希腊哲学家强调对生命的珍视与尊重，认为生命是神赐予人类的宝贵礼物，应当倍加珍惜。他们提倡通过理性与智慧来认识生命、探索生命的意义与价值。

近代以来，随着科技的进步与社会的变革，西方哲学对敬畏生命理念的理解与表达也发生了变化。一些哲学家开始从生物学、生态学等角度探讨生命的本质与意义，强调对生命的尊重与保护。他们认为，生命是宇宙中最珍贵的存在之一，人类应当承担起保护生命的责任与义务。

尽管东西方哲学在表达敬畏生命理念时存在不同的方式与侧重点，但它们都强调了生命的尊严与价值，提倡对生命的尊重与保护。这种共性体现了人类对生命本质与意义的共同认识与追求。

（三）敬畏生命理念在当代社会的现实意义

在当代社会，随着科技的发展、文化的多元交融以及生活节奏的加快，人们对生命的认知与态度也变得复杂。在这样的背景下，敬畏生命理念展现出其在当代社会的现实意义。

一是促进人与自然和谐共生。在当代社会，人类与自然的关系日益紧张，环境污染、生态破坏等问题屡见不鲜。敬畏生命理念强调对生命的尊重与珍视。这促使我们重新审视自身行为对自然环境的影响，从而采取更加环保、可持续的生活方式。通过敬畏生命，人们可以更好地保护自然生态系统，维护地球家园的生态平衡。

二是提升社会道德水平。敬畏生命理念要求我们在面对生命时保持谨慎和尊重的态度，这有助于提升社会的道德水平。在当代社会，一些人对待生命的态度轻率，甚至残忍，如虐待动物、忽视他人生命安全等。敬畏生命理念的普及和实践，可以引导人们树立正确的生命观和价值观，关爱他人，尊重他人，减少社会上的冷漠与暴力现象。

三是维护社会稳定与和谐。敬畏生命理念有助于维护社会的稳定与和谐。在一个充满敬畏生命氛围的社会中，人们会更加珍视生命、尊重他人，从而减少社会冲突和矛盾。同时，敬畏生命也可以促进人与人之间的互信与合作，增强社会的凝聚力和向心力。这对于构建和谐社会、实现共同发展具有重要意义。

四是引导个人健康成长。敬畏生命理念对于个人的健康成长同样具有重要意义。它提醒人们珍惜自己的生命，关注身心的健康与发展。同时，敬畏生命也可以激发人们的爱心与同情心，更加关注他人的需要和感受，从而培养出更加健全的人格。

五是推动生命教育的发展。敬畏生命理念是生命教育的核心内容之一。通过普及和实践敬畏生命理念，我们可以推动生命教育在当代社会的发展。这不仅有助于提升公众对生命的认知与尊重，还可以为培养具有社会责任感、关爱他人、珍视生命的公民奠定坚实基础。

二、敬畏生命的实践路径

（一）尊重自然、保护生态环境的具体措施

一是加强环境教育，提高公众环保意识。通过教育普及环保知识，增强公众对自然生态的敬畏之心。在各级学校中开设环境教育课程，利用多种形式（如讲座、展览、实践活动等）进行环保宣传，让公众了解生态环境的重要性，掌握节约资源、减少污染的基本方法。

二是推进绿色生产，促进可持续发展。鼓励企业采用环保技术和清洁生产方式，减少生产过程中的污染物排放。对高污染、高能耗产业进行整改，推动产业结构优化升级。同时，发展循环经济，提高资源利用效率，减少资源浪费。

三是加强生态保护。对自然保护区、森林公园等生态敏感区实施严格保护，禁止非法开发和破坏。对已经受损的生态系统进行修复和重建，如采取植树造林、湿地保护、水土保持等方法。同时，建立生态补偿机制，对生态功能区的保护给予经济补偿。

四是倡导绿色生活方式，减少个人行为对环境的影响。鼓励公众采取绿色出行方式，如骑行、步行、乘坐公共交通工具等，减少使用私家车。提倡垃圾分类和资源回收，减少垃圾产生和环境污染。在日常生活中节约用电、用水，减少一次性用品的使用，选择可重复使用的环保产品，减少能源消耗。

五是完善法律法规，强化环境监管。制定和完善环保法律法规，对破坏生态环境的行为进行严厉打击。加强环境监管力度，建立环境监测和预警系统，及时发现和处理环境问题。同时，加强环保执法队伍建设，提高执法效率和水平。

六是加强国际合作，共同应对全球环境问题。面对全球性的环境问题，如气候变化、生物多样性丧失等，各国应加强合作，共同应对。通过分享经验、技术和资源，推动全球环保事业的发展。同时，积极参与国际环保组织和协议，为全球环保事业贡献力量。

（二）关爱他人、促进社会和谐的具体行动

一是培养同理心，倾听他人声音。关爱他人的首要步骤是培养同理心，即能够设身处地地理解他人的感受和需求。我们应该积极倾听他人的声音，给予他们足够的关注和支持。在倾听过程中，我们要保持开放的心态，不轻易打断或评判别人，努力理解对方的立场和感受。

二是积极参与志愿服务，传递爱心与温暖。志愿服务是关爱他人、促进社会和谐的重要途径。我们可以利用业余时间参与各类志愿服务活动，如探访孤寡老人、帮助残疾人、参与环保活动等。通过实际行动，我们不仅可以为他人提供帮助，还能传递爱心与温暖，让社会变得更加美好。

三是倡导包容与尊重，构建和谐人际关系。在人际交往中，我们要学会包容与尊重。每个人都有自己的价值观和生活方式，我们应该尊重他人的选择，不轻易干涉或评判他人。同时，我们也要学会接受他人的不同意见和看法，通过沟通和协商解决问题，构建和谐的人际关系。

四是关注弱势群体，维护社会公平正义。弱势群体往往面临着更多的困难和挑战。我们应该关注他们的生存状况和发展需求，积极为他们提供帮助和支持。同时，我们也要维护社会公平正义，反对任何形式的歧视和压迫，让每个人都能享有平等的机会和尊严。

五是传播正能量，营造积极向上的社会氛围。我们可以通过分享感人的故事、传播正面的信息、鼓励他人等方式，激发人们的积极情感和行动力量。同时，我们也要避免传播负面信息和情绪，以免造成不良影响。

（三）珍爱生命、提升生命质量的生活方式

一是保持健康的生活方式。健康是生命的基石，没有健康，其他一切都将无从谈起。因此，我们应保持健康的生活方式，包括合理饮食、规律作息、适度运动等。通过保持身体健康，我们能够更好地享受生命的美好，实现自我价值。

二是培养积极的心态与情感状态。心态与情感对生命质量有着至关重要的影响。积极乐观的心态能够让我们更好地应对生活中的挑战与困难。同时，丰富的情感生活能够让我们感受到生命的温暖与美好。

三是追求有意义的目标与事业。目标是人生的方向，事业是人生的舞台。追求有意义的目标与事业，能够让我们在奋斗中实现自我价值，感受到生命的充实与满足。无论是从事科学研究、艺术创作，还是投身社会公益，只要我们用心去做，都能够为生命增光添彩。

四是建立良好的人际关系。人是社会性动物，我们的生命质量往往受到人际关系的影响。因此，我们应积极建立良好的人际关系，包括家庭关系、朋友关系、同事关系等。通过与他人建立良好的互动与沟通，我们能够获得更多的支持与帮助。

五是学会平衡与调节。生活中充满了各种挑战与压力，我们需要学会平衡与调节自己的身心状态。当面对压力时，我们可以采取冥想、瑜伽、深呼吸等方法来放松身心；

当面对困难时，我们可以寻求他人的帮助与支持，共同解决问题。同时，我们也要学会适度放松自己，享受生命中的每一个美好瞬间。

六是培养终身学习的习惯。知识是生命的源泉，学习是提升生命质量的重要途径。我们应培养终身学习的习惯，不断汲取新知识、新技能，丰富自己的内心世界。通过学习，我们能够更好地认识自己、了解世界，为生命的成长与发展注入新的活力。

三、敬畏生命的案例分析

（一）典型社会事件中体现的敬畏生命理念

1.灾难救援中的无私奉献

自然灾害如地震、洪水等发生时，往往会造成人员伤亡和财产损失。在这些灾难面前，救援人员的无私奉献和勇敢行动体现了对生命的敬畏。他们不顾个人安危，冒着生命危险进行救援工作，最大限度地减少人员伤亡。这种精神不仅是对生命的尊重，也是人性光辉的体现。

2.器官捐献与移植的伦理实践

器官捐献与移植是一项拯救生命的崇高事业。越来越多的捐献者参与其中，用自己的行动诠释了敬畏生命的理念。捐献者的无私行为使他人的生命得以延续。这一过程中，对生命的敬畏和对人性的尊重得到了充分体现。

3.动物保护运动的兴起

近年来，动物保护运动在全球范围内逐渐兴起，这也是敬畏生命理念的一种体现。人们开始关注动物的生存状况，反对虐待和捕杀动物，倡导人与动物和谐共处。这不仅是对动物生命的尊重，也是对生态平衡和生物多样性的保护。通过保护动物，我们也在保护我们自己赖以生存的地球家园。

（二）践行敬畏生命的案例

 案例

吴菊萍：母爱如山，勇救坠楼女童

2024 年 7 月 2 日下午，杭州滨江白金海岸小区。两岁的妞妞趁奶奶不注意，爬上了窗台，被窗沿挂住，随时都有坠落的可能。这可是在 10 楼，楼下的邻居都惊呆了。坚持了一分钟左右，妞妞还是掉了下来。说时迟那时快，刚好路过这里的吴菊萍踢掉高跟鞋，张开双臂，冲过去接住了妞妞。

被紧急送往医院后，吴菊萍被诊断为左手臂多处粉碎性骨折，尺桡骨断成三截，预计半年才能康复。逃过一劫的妞妞在 10 天后苏醒过来，开口叫了爸爸、妈妈。

事件发生时，吴菊萍的孩子只有七个月大，尚在哺乳期。吴菊萍的勇敢行为并非出于冲动或是一时的激情，而是源于她内心深处对生命的敬畏。她曾在采访中表示："我当时只有一个念头，那就是接住孩子。如果我接住了，孩子尚有希望；如果我接不住，孩子的父母也将痛苦一生，我不忍心。"这种对生命的敬畏和尊重，使她在关键时刻能够毫不犹豫地做出选择。

此外，吴菊萍在事后的态度也体现了她对生命的敬畏。她并没有因为自己的英勇行为而骄傲自满，也没有因为自己的伤势而怨天尤人。相反，她平静地躺在病床上，接受采访时只是淡淡地说："这是本能，是一个母亲应该做的事情。"这种谦逊和淡然，正是对生命敬畏之情的最好体现。

（三）忽视生命尊严产生严重后果的案例

 案例

隐秘角落的"恶"为何屡禁不绝？

一天傍晚，放学回家的路上，初二学生王琳打了一个大大的喷嚏，走在前面的几个女生斜着眼睛齐刷刷地扭过头来……和所有校园霸凌事件一样，就因为这样一件微不足道的事情，王琳陷入了噩梦般的境地。

她的作业本被涂抹得乱七八糟，文具经常不见，被迫唱粗俗的歌、跳奇怪的舞，还时不时被揍；她被羞辱、被孤立，欺负她的人甚至强迫她去超市里偷东西。她向同学求助，可大家担心惹火烧身，老师也没有察觉出她的异常。慢慢地，王琳变得越来越孤僻，最后患上了抑郁症。

第二学期，王琳转学了。但彼时的遭遇给她留下了严重的心理阴影。"心灵的伤害可能用一生的时间都无法愈合。"

我们的校园生活本应充满着欢声笑语和青春活力，然而，校园霸凌的存在却像一把无形的利剑，威胁着学生们的生命尊严和心理健康。这个案例让我们深刻认识到，忽视生命尊严的后果是极其严重的。它不仅会摧毁一个人的自信和自尊，更可能导致其产生心理疾病，甚至走向极端。同时，这种欺凌行为也会对整个校园氛围造成负面影响，破坏和谐的人际关系，阻碍学生的健康成长。

因此，我们必须高度重视校园霸凌问题，加强生命教育，提高学生的自我保护意识和能力。学校、家庭和社会应共同努力，营造一个尊重生命、关爱他人的良好氛围。只有这样，我们才能避免类似的悲剧再次发生，让每一个孩子都能在健康、安全的环境中茁壮成长。

通过以上案例分析，我们可以看出敬畏生命理念在现实生活中的重要性。在正面案例中，我们看到了对生命的敬畏和尊重如何激发人们的勇气和奉献精神；在反面案例中，我们看到了忽视生命尊严所带来的严重后果。这些案例提醒我们，要时刻保持对生命的敬畏之心，尊重每一个生命。

模块三　生命尊严观的教育与传承

一、生命尊严观教育的必要性

在当今社会，随着科技的迅猛发展和信息的快速传播，人们面临着前所未有的压力。这些压力不仅来自于学业、职业和社交等方面，还涉及个体对生命价值和意义的认知。随着社会竞争的日益激烈，一些人对生命可能存在漠视或轻视的态度。因此，生命尊严观教育的紧迫性不言而喻。

（一）生命尊严观教育的紧迫性

现代社会中存在着诸多对生命尊严的威胁和挑战。物质主义、功利主义等思潮的盛行，使得人们往往只关注生命的物质价值，而忽视了其精神价值和尊严。这导致许多人在追求物质利益的过程中，不惜牺牲他人的生命尊严，甚至自己的尊严。此外，随着网络技术的普及，网络欺凌、网络暴力等现象层出不穷，这些行为严重侵犯了他人的生命尊严，给受害者带来了极大的心理创伤。

从社会和谐与文明进步的角度来看，生命尊严观教育也是不可或缺的。一个尊重生命、关爱他人的社会，往往是一个和谐稳定、文明进步的社会。营造这样的社会氛围，离不开对生命尊严观的培育和弘扬。通过加强生命尊严观教育，我们可以引导人们树立正确的生命观和价值观，从而促进社会的和谐与发展。

生命尊严观教育旨在引导人们珍视生命、尊重生命，理解生命的独特性和不可复制性，以及每个生命的价值和意义。通过这种教育，我们可以帮助个体建立正确的生命价值观，增强对生命的敬畏之心，减少轻视生命行为的发生。同时，它也有助于培养人们的心理韧性和抗挫能力，让人们更好地面对生活中的困难和挑战。

（二）生命尊严观教育对于大学生成长的意义

大学生正处于人生观、价值观形成的关键时期，同时面临学业、就业等多方面的压力。在这个阶段，对他们进行生命尊严观教育尤为重要。通过引导他们正确看待生命、珍惜生命，不仅有助于他们的个人成长，还能培养他们的社会责任感和同理心。

生命尊严观教育有助于大学生树立正确的生命观和价值观。通过教育引导，大学生可以深刻认识到生命的宝贵，懂得尊重自己和他人的生命，从而树立正确的生命观。同时，生命尊严观教育还能帮助学生形成正确的价值观，明确人生的意义和价值，避免盲目追逐物质利益而忽视精神追求。

生命尊严观教育有助于大学生提升自我认知和自我管理能力。大学生往往面临着自我认同的困惑。通过生命尊严观教育，大学生可以更加深入地了解自己的内心世界，认识自己的优点和不足，从而学会自我调整、自我激励。同时，这种教育还能帮助大学生提高情绪管理能力，有效应对挫折和困难，保持积极向上的心态。

生命尊严观教育有助于大学生增强社会责任感和使命感。作为社会主义建设者和接班人，大学生需要承担起应有的社会责任。通过生命尊严观教育，大学生可以更加深刻地认识到自己的社会角色，明确自己的担当。这有助于他们在未来的学习和工作中，积极投身社会建设，为社会的发展贡献自己的力量。

生命尊严观教育有助于大学生建立良好的人际关系，培养团队协作能力。人际关系和团队协作能力对于个人的发展至关重要。通过生命尊严观教育，大学生可以学会尊重他人、理解他人、包容他人，从而建立良好的人际关系。同时，这种教育还能培养大学生的团队协作能力，学会在团队中发挥自己的优势，与他人共同完成任务。

生命尊严观教育对于大学生的成长具有多方面的意义，可以帮助他们认识到生命的宝贵，从而更加珍惜自己的生命和他人的生命。

（三）生命尊严观教育在构建和谐社会中的作用

生命尊严观教育不仅关乎个体的成长和发展，更在构建和谐社会中发挥着重要作用。一个尊重生命、珍视生命的社会往往是一个和谐、包容、进步的社会。通过推广生命尊严观教育，我们可以培养更多具有社会责任感、同情心和正义感的公民，这些公民将成为维护社会稳定和促进社会发展的重要力量。

总之，生命尊严观教育是当今社会不可或缺的一部分。它不仅能帮助个体建立正确的生命价值观、增强心理韧性，还能在构建和谐社会中发挥积极作用。因此，我们应该高度重视并大力推广生命尊严观教育。

二、生命尊严观教育的实施策略

（一）个人维度

在个人层面，生命尊严观教育的核心在于引导个体认识到生命的神圣性和不可侵犯性，并将这种认识内化为自己的价值观和行为准则。为了实现这一目标，个体需要通过多种途径进行自我教育和提升。

个体可以积极参加生命教育课程和讲座，通过学习专业的生命教育知识，增强对生命尊严的理解和认识。这些课程和讲座可以帮助个体更全面地了解生命的价值和意义，以及如何在日常生活中践行尊重生命、珍视生命的理念。

个体还可以通过阅读相关书籍和文章，深入了解生命尊严观的内涵和外延。阅读不仅可以拓宽个体的视野，还可以激发其对生命的敬畏和尊重之情。

个体应该将生命尊严观融入自己的日常生活中。例如，在面对困难和挑战时，保持乐观和勇敢的态度；在对待他人时，保持善良和宽容的心态；在参与社会活动时，积极传递正能量和爱心。

（二）社会维度

在构建和谐社会的过程中，生命尊严观教育发挥着举足轻重的作用。一个尊重生命、珍视生命的社会，不仅有利于个体的成长和发展，还有利于整个社会的稳定和进步。

推广生命尊严观教育可以培养公民的社会责任感和同情心。这种教育引导人们关注他人的生命和福祉，激发人们的爱心和善意，从而促进人与人之间的相互理解和尊重。

生命尊严观教育有助于减少社会冲突和暴力行为。当人们深刻理解到生命的价值和尊严时，就会更加珍惜和保护生命，避免伤害他人或侵犯他人的权益。

生命尊严观教育还有助于塑造积极的社会风气，提升整个社会的道德水准。它倡导尊重生命、珍视生命的理念，有利于推动社会形成健康、文明、和谐的发展氛围。

（三）生态维度

在生态维度上，生命尊严观教育与生态文明建设密不可分。尊重生命、珍视生命的理念不仅关乎人类自身的发展，也关乎自然界的和谐与平衡。

生命尊严观教育让人们认识到，自然界的生命都有其独特的价值和尊严。这种认识促使人们更加关注自然生态环境，珍惜自然资源，避免过度开发和破坏生态环境。

生命尊严观教育有助于激发人们的环保意识和生态责任感。通过参与环保活动、推广环保理念等方式，人们可以积极投身到生态文明建设中，为保护地球家园贡献自己的力量。

生命尊严观教育与生态文明建设相互促进、共生共荣。一个尊重生命、珍视生命的社会往往会注重生态文明建设，而生态文明建设又需要生命尊严观教育的引导和支撑。二者相辅相成，共同推动人类社会的可持续发展。

三、生命尊严观的传承与发展

（一）传统文化中关于生命尊严的思想与智慧

中华传统文化中关于生命尊严的思想与智慧不胜枚举。这些宝贵的思想资源不仅为我们提供了认识生命、尊重生命的深刻洞见，也为现代生命教育提供了丰富的文化土壤。

儒家文化强调"仁爱"与"礼义"，其中蕴含着对生命尊严的尊重。儒家认为，每个人都应被平等对待，享有尊严和权利。孔子提出的"仁者爱人"理念，就是要求人们以仁爱之心对待他人，尊重他人的生命和尊严。

道家文化倡导"道法自然"，强调尊重生命的自然属性和发展规律。道家认为，生命是自然的一部分，应该顺应自然之道，尊重生命的自然状态。这种思想体现在对个体生命的尊重上，就是要求人们不要过度干预和破坏生命的自然进程，而是要让生命在自然的怀抱中自由成长和发展。

这些传统文化中关于生命尊严的思想与智慧，不仅具有深刻的历史价值，也为现代生命教育提供了重要的思想资源。在现代社会中，我们面临着诸多挑战和困境，如环境污染、生态破坏等问题，这些问题都与生命尊严密切相关。通过深入挖掘和传承中华优秀传统文化中关于生命尊严的思想与智慧，我们可以更好地认识生命、尊重生命，为构建和谐社会、实现可持续发展提供有力的文化支撑。

同时，我们也应该意识到，传统文化中关于生命尊严的思想与智慧并不是孤立的，而是与整个文化体系相互关联、相互渗透的。因此，在传承和发扬这些思想与智慧的同时，我们也应该注重与其他文化元素的融合和创新，以适应现代社会的需求和发展。

（二）如何在现代社会中传承和发扬生命尊严观

传承和发扬生命尊严观至关重要，它关乎每一个人的尊严和价值，也是构建和谐社会的重要基石。在现代社会中传承和发扬生命尊严观，需要从多个方面入手。

一是在教育中强化生命尊严观的培养。教育是传承和发扬生命尊严观的重要途径。从基础教育到高等教育的各教育阶段，都应该将生命尊严教育纳入课程体系，通过课堂教学、实践活动等多种形式，引导学生认识生命的尊严，学会尊重自己和他人的生命。同时，教育者自身也要不断提升生命教育素养，以身作则，成为传承和发扬生命尊严观的楷模。

二是在社会生活中营造尊重生命的氛围。社会风气对生命尊严观的传承和发扬具有重要影响。我们应该倡导尊重生命、关爱生命的价值观，通过媒体宣传、公益活动等方式，弘扬生命尊严观，让更多的人认识到生命的价值和意义。同时，对于侵犯生命尊严的行为，要依法予以惩处，维护社会的公平正义。

三是注重家庭教育中生命尊严观的培育。家庭是孩子的第一个教育场所，家长在孩子的成长过程中扮演着至关重要的角色。家长应该注重培养孩子的生命尊严意识，引导他们尊重生命、珍爱生命。通过亲子沟通、共同参与生命教育活动等方式，让孩子在家庭中感受到生命的尊严和价值。

四是结合现代社会的发展趋势，创新传承和发扬生命尊严观的方式方法。例如，我们可以利用互联网和新媒体技术，开展线上生命教育活动，让更多的人便捷地获取生命教育资源。同时，我们也可以结合社会热点问题，有针对性地开展生命教育讨论和研究，推动生命尊严观的深入发展。

（三）生命尊严观教育的发展趋势与前景

随着社会的进步和人们思想观念的转变，生命尊严观教育将越来越受到重视，我们期待着通过不断努力和创新，将生命尊严观教育推向一个新的高度，为培养具有高尚品德和健全人格的公民、构建和谐社会和推动人类文明进步作出更大的贡献。

第一，生命尊严观教育将更加融入教育体系。未来的教育将更加注重学生的全面发展，生命尊严观教育将作为重要内容之一，贯穿从基础教育到高等教育的各个阶段。通过系统的课程设置和多样化的教学方式，学生将能够全面了解和认识生命的尊严和价值，从而培养出更加尊重生命、珍爱生命的公民。

第二，生命尊严观教育将更加注重实践与应用。未来的生命尊严观教育将更加注重理论知识与实践活动的结合，通过组织学生参与社会实践、志愿服务等活动，让他们在实践中深刻体验生命的尊严和价值。这样的教育方式不仅能够提升学生的生命意识，还能够培养他们的社会责任感和使命感。

第三，生命尊严观教育将更加注重跨学科融合。未来的教育将更加注重学科之间的交叉与融合，生命尊严观教育也将与其他学科如心理学、社会学、伦理学等进行深度融合。通过跨学科的教学和研究，我们可以更加全面地认识和理解生命尊严的内涵和意义，生命尊严观教育也会有更加丰富的理论支撑和实践指导。

第四，生命尊严观教育将更加注重国际交流与合作。在全球化的背景下，不同国家和地区之间的文化交流与合作日益频繁。未来的生命尊严观教育将更加注重与国际接轨，借鉴和吸收国际先进的教育理念和方法，推动生命尊严观教育的进步和发展，为构建人类命运共同体贡献力量。

第十一单元

升华生命道德

单元目标 ⌄

◇ 深入理解生命与道德之间的内在联系。
◇ 培养道德情感和道德责任感，树立尊重生命、崇尚道德的正确态度。
◇ 能够将生命道德观内化于心、外化于行。

认知提示 ⌄

◇ 生命的意义源于道德。道德不仅丰富了生命的内涵，更使个体的生命获得意义。道德与生命是相伴相随的。在个体生命成长和发展的过程中，人类文化通过各种方式塑造了对个体生命的社会道德规范和价值理念，从而规范与引导着个体生命的社会化发展，不断提高个体的社会化程度。道德赋予生命以尊重与激励，指引个体在处理人与人、人与社会、人与自然的关系时求真、崇善、尚美，引导人们追求理想，实现个体生命的超越和提升。

思考与实践 ⌄

◇ 当个人道德与社会道德、家庭道德或职业道德发生冲突时，自我应如何定位和处理？
◇ 生命冲突情景模拟：在出现救人还是救物、个人利益与集体利益冲突等场景时，如何进行决策？

活动设计 ⌄

◇ 给自己一个期限，譬如一个月或一年，坚持"日行一善"，并记录自己的感受和变化。

在个体生命成长和发展的过程中，道德教育通过各种方式把人类文化传递给个体，同时也把人类社会的道德规范、价值理念渗透到个体的发展之中，规范与引导个体的社会化进程。道德教育给生命以尊重与激励，用道德理想去培养人，引导人们追求理想的精神境界与生活方式，从而使个体的生命价值实现超越和提升。

模块一　生命与道德的内在联系

自然生命是生命存在的物质基础及生物性的表现形式，是人作为高级生命体的前提；而社会生命是人在社会化过程中形成的独特的群体性的存在方式，体现为人类对道德、情感、理想、价值以及信仰的追求，是个体超越自然生命、达到的更高层次的生命形态。作为自然生命，人与其他生命之间存在着物质、能量和信息的交换；作为社会生命，人与自我、他人乃至整个人类社会之间存在着动态的社会关系。道德作为社会价值观念，不仅体现了人的社会性，也是实现个体价值的重要方式。为了更好地实现自然生命价值和社会生命价值，将个体与自我、个体与他人之间的关系纳入道德范畴，明确生命道德的概念至关重要。

所谓生命道德，就是指人们对生命问题的基本认识、看法和态度，生命道德是人们处理有关生命问题时所遵循的道德准则和规范。生命道德包含了人类自觉向"善"的价值取向和自我完善的需要。

一、生命是道德产生的源泉

生命的存在是道德观念产生的前提。道德，作为人类社会特有的行为准则，建立在人们共同生活的基础之上。而人们之所以能够共同生活，形成复杂的社会关系，归根结底是因为每一个个体都是独特的生命存在。生命个体不仅有着自我保护和发展的本能，也具备着感知、思考和行动的能力。正是这些能力的存在，使得个体之间能够相互交往、相互影响，进而形成了复杂的社会关系网络。在这些社会关系中，为了维护共同的利益和秩序，人们逐渐形成了一系列的道德规范和行为准则。因此，可以说生命的存在是道德观念产生和发展的先决条件。

（一）生命的存在与延续是道德实现的基础

生命的延续是道德传承的保障。人类社会的道德观念和行为准则并不是一成不变的，而是随着历史的演进和社会的变迁而不断发展变化的。然而，无论道德观念如何变化，其传承都离不开生命的延续。每一代人都是在前人的基础上成长起来的，他们通过学习、模仿和创新，不断将道德观念传承下去，并在实践中不断丰富和发展其内涵。这种传承是以生命的延续为基础的。如果没有生命的延续，道德的传承就会中断，整个人类社会的道德体系也将不复存在。

生命的存在与延续为道德实践提供了动力和目标。道德不仅仅是一种理论观念，更是一种实践活动。人们通过遵守道德规范、履行道德义务来实现自身的价值和社会的和谐。而这一切都离不开生命的存在与延续。这种实践的驱动力，正是源自生命个体对美好生活的追求。人们努力工作、关爱他人、奉献社会等行为，不仅实现自身的价值和意义，也为社会的繁荣和进步作出了贡献。

生命的存在与延续还促使人们不断思考和探索道德的本质和意义。生命的短暂与脆弱让人们更加珍惜眼前的时光，也促使人们思考如何更好地生活、如何与他人和谐相处等问题。这种思考推动了人类道德观念的不断进步和发展。从古至今，无数哲学家、伦理学家都在探讨道德的本质和意义，他们试图从不同的角度来揭示道德的真谛，而这些思考和探索都是以生命的存在与延续为基础的。

（二）生命的需求与追求构成了道德产生的动力

生命自诞生的那一刻起，就伴随着无尽的需求与追求。这些需求和追求，如同推动生命前行的内在引擎，不仅驱动着生命的成长与发展，也成为道德的诞生与演进的动力。

生命的基本需求是道德产生的初始动力。个体为了维持自身生存和发展，都要满足基本的食物、水源、安全等需求。在这些需求的驱使下，个体之间产生了交互与碰撞。为了确保各自的生存空间和资源，个体之间逐渐形成了一种默契，即最初的道德规范。这些规范旨在平衡各方利益，确保每个个体的基本需求都能得到满足。因此，可以说生命的基本需求是推动道德产生的最直接的动力。

生命的追求是道德发展的持续动力。除了基本需求外，生命还有更高层次的追求，如自我实现、社会地位、精神满足等。这些追求推动着生命不断向前发展，探索更广阔的领域和可能性。在这一过程中，道德不仅作为行为准则指导着生命的行动，更成为一种精神追求和价值观的体现。通过遵守道德规范、践行道德理念，个体能够获得社会的认可和尊重，实现自我价值的提升和内心的满足。这种追求推动着道德不断向前发展，使其从简单的行为规范演变为更加复杂、多元的价值体系。

生命的需求与追求促进了道德的完善与创新。随着社会的进步和科技的发展，生命的需求和追求也在不断变化和升级。这些变化对道德提出了新的挑战和要求，推动着道德体系的不断完善与创新。例如，在现代社会中，随着环境保护意识的增强和可持续发展理念的深入人心，道德规范也逐渐融入了这些新的价值观。人们开始更加关注自身行为对环境和他人的影响，积极倡导和践行绿色、低碳的生活方式。这种变化不仅丰富了道德的内涵，也使得道德体系更加贴近现代社会的实际需求。

生命的需求与追求激发了道德教育的兴起与发展。为了满足个体在道德方面的需求和追求，社会逐渐形成了完善的道德教育体系。这些教育体系旨在培养个体的道德意识、责任感和价值观，使其能够更好地融入社会、与他人和谐相处。通过道德教育，个体不仅能够学会如何遵守道德规范、践行道德理念，更能够深刻理解道德的本质和意义。

二、道德是生命充实的保障

生命的意义和价值不仅在于生物学层面的存在和延续，更在于我们所赋予它的精神内涵。道德行为，作为人类社会文化的重要组成部分，赋予了生命更多意义和价值。

（一）道德行为赋予生命更多的意义和价值

道德行为能够提升生命的品格。品格作为一个人道德品质的体现，决定了个体在面临选择时是否能够坚守正义、诚信和善良。通过践行道德行为，我们不仅能够塑造自身高尚的品格，更能够赢得他人的尊重和信任，从而让生命超越生物学层面，成为具有高尚道德品质的精神存在。

道德行为能够增强生命的责任感。每一个生命都承担着对自我、对他人、对社会的责任。践行道德行为可以让我们学会如何为自己的行为负责，如何为他人着想，如何为社会作出贡献。这种责任感不仅使得我们的生命更加有意义，更能够激发我们去追求更高的目标和理想。

道德行为能够促进生命的和谐。在多元化的社会中，不同的个体有着不同的价值观和生活方式。道德行为作为一种广受认可的行为准则，能够引导我们尊重差异，促进不同个体之间的和谐共处。这不仅使我们的生命更加美好，更能够为社会营造一个更加包容和进步的环境。

道德行为能够激发生命的创造力。当我们以道德为行为准则时，我们会思考如何更好地为他人和社会作贡献。这种思考会激发我们的创造力和创新精神，推动我们探索新的领域、创造新的价值。这种创造力和创新精神不仅可以丰富我们的生命体验，更能为社会的发展和进步作出贡献。

道德行为能够为生命带来内心的满足和幸福感。当我们遵循道德规范行事时，我们会感受到内心的平静和满足。这种满足感不仅来自于他人的认可和尊重，更来自于我们自身对道德价值的坚守和追求。

（二）道德规范引导生命走向更高境界

道德规范作为人类社会的行为准则，不仅是维护社会秩序的重要工具，更是生命追求更高境界的指引。它通过约束个体行为、塑造道德品质、传递价值观念等方式，促使生命不断追求更高的精神层次和人生境界。

道德规范能够为生命提供行为指南。在复杂多变的社会环境中，道德规范为个体行为指明了方向。它告诉我们什么是善、什么是恶，什么是对、什么是错，从而引导我们做出正确的选择和行动。这一行为指南不仅有助于维护社会的和谐与稳定，更能够促使个体在遵循规范的过程中不断提升自身的道德品质。

道德规范能够塑造个体的道德品质。道德品质是个体行为的内在驱动力，它决定了个体在面对利益冲突和道德困境时的抉择。道德规范通过倡导诚信、正义、善良等价值观念，影响着个体的道德品质，使其不断追求更高的道德标准，从而实现自我超越和提升。

道德规范能够传递人类社会的价值观念。价值观念是人类社会文化的核心，它反映了人们对社会秩序的维护。道德规范作为价值观念的重要载体，引导生命走向更加文明、进步的社会。这种价值观念的传递不仅有助于提升整个社会的道德水准，更能够激发个体对美好生活的向往和追求。

道德规范能够促进生命的自我实现。自我实现是生命追求的最高境界，它意味着个体能够充分发挥自身的潜能，实现自己的价值和理想。道德规范通过约束和引导个体行为，使得个体在追求自我实现的过程中不断超越自我、完善自我，从而在精神层面达到更高的境界。

三、生命的道德性是人的基本属性

在探讨人与其他生物的区别时，我们不得不提及一个核心要素——道德性。道德性是人类特有的属性，它不仅深刻地影响着人类的行为模式，更在根本上区分了人类与其他生物。

（一）道德性体现了人与其他生物的区别

道德性是人类智慧与文明的产物。与动物的本能行为不同，人类的行为不仅受生物本能的驱使，还受到社会、文化和历史的影响。道德性正是这种影响的集中体现，它规定了什么是"好"，什么是"坏"，以及人们应该如何行事。这种规定并非基于生物学的需求或欲望，而是基于对社会和谐、公正和善良的追求。因此，道德性是人类社会的一种独特创造，它反映了人类对美好生活的向往和追求。

道德性赋予了人类行为以意义和目的。与动物的行为主要受本能驱使不同，人类的行为更多地受到理性和道德的指导。人们不仅考虑行为的直接后果，还会考虑其行为是否符合道德标准。这种对道德标准的遵循，使得人类行为具有一种超越生物本能的高尚性。人类能够为了更高的理想和目标，如公正、自由和爱，而牺牲个人的利益。这种能力是道德性的一种重要体现。

道德性是人类社会组织和协作的基础。人类社会的复杂性远远超出了其他生物群体。为了维持社会的稳定和秩序，人类需要一种能够协调个体行为、平衡各方利益的机制。道德性正是这样一种机制，它通过规定个体行为的标准和界限，使得个体能够在追求自身利益的同时，也考虑他人的利益和社会的整体利益。这种协作和共赢的精神，是人类社会得以繁荣和发展的关键。

道德性体现了人类对自身的超越和对完美的追求。与其他生物往往倾向于满足于本能需求不同，人类总是试图超越自身的局限性，追求更高的精神境界和人生价值。道德性正是这种追求的一种体现。它鼓励人们追求公正、善良和真理。这种追求不仅提升了人类自身的精神境界，也为社会的进步和发展提供了源源不断的动力。

道德性还是人类文化和精神传承的重要载体。在人类历史的长河中，道德观念一直是文化和精神传承的重要组成部分。不同的文化和社会都形成了独特的道德观念和行为准则，这些准则不仅规范着个体的行为，更塑造了整个社会的精神风貌。通过代代相传的道德教育和文化传承，人类能够不断地汲取前人的智慧和经验，推动社会的进步和发展。

（二）道德性使人的生命得以超越本能，实现自我提升

道德性使人的生命超越了单纯的生存本能，不仅是人类社会行为规范的基石，更是推动个体不断超越生物本能、实现自我提升的重要力量。

道德性促使人类超越生物本能，追求更高层次的目标。生物本能驱使着我们追求生存和繁衍。然而，作为具有高度智慧和社会性的生物，人类并不仅仅满足于这些本能需求。它引导我们超越本能，关注他人的福祉，甚至可以为社会的整体利益而牺牲个人利益。这种超越本能的追求，正是人的生命得以提升和完善的体现。

道德性推动人类进行深刻的自我反思和内省。与动物不同，人类具有高度的自我意识，能够审视自己的行为和内心。道德性要求我们对自己的行为进行道德评判，思考是否符合道德标准。这一反思和内省的过程，使我们能够认识到自己的不足，进而产生改正和提升的动力。通过自我完善，人的生命得以在道德层面不断升华。

道德性培养了人类的责任感和担当精神。它要求我们对自己的行为负责，不仅要考虑个人的利益，还要考虑他人和社会的利益。这种责任感促使我们勇于承担自己的行为后果，不逃避、不推诿。同时，道德性还激励我们为社会的发展和进步贡献自己的力量，勇于承担社会责任。这种责任感和担当精神，不仅提升了个人的道德品质，也为社会的进步注入了正能量。

道德性为人类的精神世界注入了丰富的内涵。通过践行道德规范、追求道德理想，我们的内心世界得以充实。道德性使我们更加关注精神层面的追求，如真理、善良、美好等。这些追求不仅提升了我们的精神境界，也使我们的人生更加有意义和价值。

 知识拓展

杨震拒金

杨震[1]是东汉时期的一位著名大臣，以清廉正直而著称。在他担任太守时，曾经有人在夜里给他特意送来了十斤黄金，并表示无人知晓。杨震对此坚决拒绝，并表示："天知，神知，我知，子知。何谓无知？"意即此事天知、地知、你知、我知，怎么能说没有人知道呢？送礼的人听后，感到十分羞愧，只好带着金子离开了。

杨震没有因为金钱的诱惑而违背自己的道德原则，反而坚守道德底线，这也赢得了人们的尊重和敬佩，为后人传承和发扬优秀道德品质树立了榜样。当我们坚守道德信念，不为私欲所动时，就能够超越个人的本能，实现自我提升。

---

[1] 杨震（公元？—124），字伯起，东汉弘农华阴人。出身名门，历任荆州刺史、涿郡太守、司徒、太尉等职。安帝乳母王圣及中常侍樊丰贪侈骄横，他多次上书切谏，被樊丰诬陷罢官，愤而自杀。

模块二　生命的道德取向

古往今来，不知有多少圣人贤者对道德做出过界定。然而，不论道德的内容如何变化，必须要确认的是，道德的主体只有一个，就是人。道德作为人的生命展现的形式，其本质在于人的行为和选择。因此道德教育应当聚焦于生命本身，尊重生命的特性，提升生命的价值。

一、道德教育在生命教育中的地位

人的生命与道德互相依存，没有生命的存在，道德便无从谈起；同样，若缺乏道德，人的生命价值也难以得到充分体现。道德不是生命的全部，却是建构生命意义的重要途径之一，因此道德教育是生命教育的重要组成部分。

（一）道德教育是生命教育的重要组成部分

生命有"善""恶"。道德哲学中最基本的一对概念即善恶，通常是作为道德与不道德的同义语而使用的。具体说来，所谓"善"，就是指一个人或一个群体的品德、行为符合一定的道德原则、规范的要求，是好的、应当的；所谓"恶"，就是一个人或群体的品德、行为违背一定的道德原则、规范的要求，是坏的、不应当的。

对于生命教育而言，善就是既能善待自己的生命，珍爱自己，又能关爱他人生命，尊重他人，使生命实现其最高的价值；恶则是毁灭生命，伤害生命，压制生命的发展。道德评价体系的最终目的就是实现人的价值，完善人的本质，消解人类内在外在的矛盾。敬畏生命的道德观是寻求生命价值的有力保障。

道德的目的是调节利益和矛盾，其根本要求不是索取，而是付出，是通过对他人的给予、奉献和牺牲来满足的。所以，生命的道德要求个体自觉地自我约束，乃至自我牺牲。只有如此，人类的生存与发展方成为可能。正如老子所说："圣人不积，既以为人，己愈有，既以与人，己愈多。"也就是说，圣人不吝惜自己的精力，他尽量地帮助别人，自己反而更充足，他尽量给予别人，自己反而更富有。

生命的道德性还强调对他人和社会利益的关注。在社会生活中，个人不但要考虑自己的利益，还要考虑他人的利益、社会的利益。也就是，人不但要追求自我价值的实现，还要追求社会价值的实现。道德作为社会生活的准则，其直接目的就是维护社会秩序，保障社会的有序运行。只有在社会中，个体与社会的利益才能在张力中实现最大化，个人与社会的价值才能都得以充分地实现，个人与社会才能够健康地生存发展下去。

道德教育之所以对于生命教育来说是重要的，是因为人有了道德方能成为人，人也正是在道德的不断提升中使自己的生命有了意义。人是自然存在、社会存在，更是伦理性存在，"人也是一种责任性的存在物"，这是人逃避不了的人性选择。

（二）道德教育促进个体生命的全面发展

道德教育是人类社会不可或缺的重要组成部分，它关乎每一个个体内在品质的塑造与提升。在生命的成长过程中，道德教育起着举足轻重的作用，它不仅能规范人们的行为，更能促进个体生命的全面发展。

道德教育是对个体品德的锤炼。品德是个体道德行为的基础，通过道德教育，个体能够明确是非、善恶的标准，形成积极向上的价值观和道德观念。这种品德的塑造不仅影响着个体的日常行为，更在关键时刻指引着个体做出正确的道德选择。一个品德高尚的人，无论面对何种诱惑，都能坚守道德底线，维护社会的公平与正义。

道德教育有助于个体自我认知的深化。在道德教育的过程中，个体不仅需要审视自己的行为是否符合道德规范，更需要反思自己的内心世界，了解自己的需求和动机。这种自我反思与审视的过程，有助于个体更加清晰地认识自己，找到自己的优势与不足，从而调整自己的行为与态度，实现自我提升。

道德教育能培养个体的社会责任感。人是社会性动物，我们的行为不仅影响着自己，也对他人和社会产生影响。道德教育通过引导个体关注社会、关注他人，培养个体的社会责任感。一个有社会责任感的个体，会自觉地为社会作出贡献，推动社会的进步与发展。

道德教育能促进个体心理素质的提升。在面对道德困境时，个体需要具备坚韧不拔的意志和冷静的判断力。道德教育通过引导个体思考、解决道德问题，锻炼个体的心理素质，使其在面对困难与挑战时能够保持冷静。

值得注意的是，道德教育并不是一成不变的。随着社会的进步与发展，道德教育的内容与形式也需要不断地更新与完善。新时期的道德教育应该更加注重培养个体的独立思考能力、创新精神和团队协作能力等多方面的素质，以适应现代社会的需要。

二、道德教育对个体生命成长的影响

（一）传承优秀传统文化，丰富生命内涵

我国传统儒家文化一直十分重视道德教育，其中最著名的就是"仁爱"思想。

"仁"要求人们以人为本，相亲相爱，反映了人对自身的觉醒，对人类的本质的理解，具有浓厚的人道精神。仁者爱人的含义是在人际交往中注重人的价值，把别人也当作与自己同类的人来看待。"仁"是一种内在的道德情感，爱人则是这种情感的外显，它必须通过行为表现出来。因而，通过什么方式、怎样去爱人，就成为仁德的具体行为规范。孔子说："夫仁者，己欲立而立人，己欲达而达人。"作为"为仁之方"的行为模式，即仁德的人，自己想有所树立，马上就想到也要让别人有所树立；自己想实现理想，马上就会想到也要帮助别人实现理想。孔子说："己所不欲，勿施于人。"即当你的行为可能给他人带来影响时，必须考虑它的后果是否能为他人接受。

儒家提倡仁者爱人，特别强调爱人以道，爱之以德，推己及人，也须以道德之心推之。正己然后能推人。那么，如何才能"正己"？孔子提出的具体措施就是"克己复

礼"。具体地讲便是"非礼勿视，非礼勿听，非礼勿言，非礼勿动"。按照礼的原则严格要求自己，使自己的所有行为都符合于礼，克制自身与道德相违背的一切私念和欲念，培养良好的道德品质，造就完善的道德人格，达到"从心所欲不逾矩"的境界。

（二）灌输道德规范，引导生命社会化

在大学这个关键的人生阶段，道德教育不仅能够帮助我们树立正确的道德观念，还能引导我们逐渐融入社会。

道德教育可以帮助我们树立正确的道德观念。很多时候，我们对道德的认知可能相对模糊，仅仅依靠直觉或模仿来判断和行事。一些道德教育课程和相关活动，让我们开始系统地学习和思考道德问题，树立正确的道德观念。这不仅会对我们的行为产生深远的影响，还会塑造我们的价值观和人生观。让我们开始意识到，一个人的行为不仅仅关乎自己，还与社会息息相关。我们的每一个选择、每一次行动，都会对社会产生影响。

道德规范引导我们逐渐融入社会，实现了个体生命的社会化[1]。大学是一个小社会，这里汇聚了来自不同背景、不同观念的人们。在这个多元化的环境中，道德教育帮助我们学会如何与他人和谐相处，如何处理各种社会关系。在这个过程中，我们也逐渐认识到自己作为社会成员的责任和义务，学会开始关注社会问题。这不仅让我们更加了解社会，还培养我们的社会责任感和公民意识，让我们意识到，作为新时代的大学生，我们有责任为社会作出贡献，推动社会的进步和发展。

道德规范对我们的个人成长产生了积极的影响。通过学习和实践道德规范，我们逐渐学会自我反思和自我管理，开始审视自己的行为，思考自己的优点和不足，并制订合理的目标和计划来提升自己的能力和素质。这种自我反思和自我管理的能力对我们的个人成长和职业发展具有重要意义。

三、道德教育在生命成长中的实践途径

每个个体都有着强大的主观能动性，除外界的被动影响外，自身成长的力量更不应被忽视。

（一）融入日常生活，培养道德情感

大学阶段是个体世界观、人生观、价值观形成的关键时期，这个阶段的个体求知欲、进取心强，在这一阶段对"三观"的探索学习将对他们以后的人生之路产生巨大的影响。如果未能形成对于"三观"的正确认识，大学生很可能会在社会竞争的压力中扭曲对生命的理解，进而产生不良后果。为此，要培养个人的生命修养。生命修养，就是人们在生命活动中所进行的自我教育、自我改造、自我完善，为提升生命质量、达到较高生命境界的活动过程。它属于一种自律行为，道德修养是其中的核心。

为此，大学生们应在日常生活中培养自己的思想道德修养。具体而言，可从以下几

---

[1] 赵野田、潘月游：《论生命价值的道德支撑》，《东北师大学报（哲学社会科学版）》2010 年第 2 期。

个方面着手。

首先，塑造健康人格。良好的自我控制力、正确对待外界影响的能力、保持内心平衡和满足的能力是健康人格的共同标志。

其次，坚持知行统一。"知"指道德认识，"行"指道德行为，"知"是"行"的前提，"行"是"知"的目的，要在一定的道德情感和道德意识支配下行动，知道自己应该（不应该）做什么，应该（不应该）如何做。

最后，要发扬"慎独"精神。"慎独"是指君子在人们看不见的时候，也会很谨慎，在别人听不到的时候，也很小心，因为最隐蔽的东西最能看出人的品质，最微小的东西最能显出人的灵魂，所以，即便在没有任何人监视的情况下，依然不做任何不道德的事情。

（二）开展实践活动，提升道德素质

道德不仅仅是理论和抽象的概念，更需要在日常生活中得以实践。通过实践活动，人们可以亲身体验道德行为的重要性，这种直接的体验远比单纯的理论教育更为深刻和持久。在实践中提升道德素质可以从以下几个方面入手。

一是在情境中学习与适应。实践活动往往涉及各种社会情境，要求参与者在不同的环境和情况下做出道德判断和选择。这样的经验有助于个体学习如何在复杂多变的社会环境中坚守道德原则，提升道德判断和决策能力。

二是团队协作与社交互动。很多实践活动需要团队合作，这要求个体在团队中展现出诚信、尊重、责任和公平等道德品质。通过与他人的交往和合作，个体可以更好地理解和实践这些道德品质。

三是反思与自我提升。实践活动后，个体可以对自己的行为进行反思，这种反思过程有助于个体认识到自己在道德方面的不足，并寻求改进。通过持续的反思和学习，个体的道德素质可以得到显著提升。

四是增强社会责任感。参与社会实践活动，如志愿服务、环保行动等，可以增强个体的社会责任感。当人们看到自己的行为能够对社会产生积极影响时，更有可能坚持道德行为，形成良好的道德习惯。

五是具体化抽象的道德准则。实践活动可以将抽象的道德准则具体化，让人们在实际操作中理解和感受这些准则的实际意义。这种具体化的过程有助于加深个体对道德准则的理解和认同。

六是注重实践活动的过程体验。道德素质的提升并非一蹴而就，而是需要在实践中不断摸索、反思和进步。因此，我们应关注实践活动中的具体情境，积极参与、勇于尝试，并在过程中不断修正自己的行为。

模块三　道德对生命的超越与提升

道德作为一种实践精神，寓于个体生命之中，生命的存在是一切道德实践活动的前提。离开了活的生命体，也就无所谓道德了。人之所以能够不断超越现实、超越自然生命，道德在其中起到了关键的支撑和价值导向作用。道德赋予生命超越的力量，引导生命走向真、善、美的境界。

一、道德教育对生命的尊重与激励

道德教育作为人类社会文明的重要组成部分，其核心理念之一就是尊重每一个生命的独特性，并致力于激发个体中蕴藏的巨大潜能。

（一）尊重生命的独特性，激发个体的潜能

生命的独特性首先体现在每个人都有自己独特的个性和天赋。有的人擅长艺术创作，有的人精通数学逻辑，有的人则擅长人际交往。教育并不是要将所有人塑造成一个模子，而是要发现并尊重每个人的特质，为他们的成长提供适宜的土壤。通过个性化的教育方式，鼓励每个人在自己擅长的领域里精耕细作，从而最大程度地发挥其个人潜能。

道德教育尊重生命的独特性，体现在对个体差异的理解和接纳上。每个人都有自己的成长节奏和路径，有的人早熟，有的人晚成。道德教育不强求一致性，而是给予每个人足够的时间和空间去成长，去探索，去找到自己在这个世界上的位置。这种尊重和理解，能够让个体在成长过程中感受到自由和尊严，从而更加自信地追求自己的梦想。

激发个体的潜能，是道德教育的重要使命。每个人都有无限的可能性，但往往因为种种原因而未能得到充分发挥。道德教育通过提供丰富的学习资源和实践活动，帮助个体发现自己的兴趣所在，进而激发其内在的学习动力和创新精神。在这个过程中，个体不仅能够提升自己的知识和技能，还能够在实践中不断挑战自我，实现自我超越。

道德教育在激发个体潜能的同时，也注重培养个体的自我认知和自我管理能力。通过引导个体进行自我反思和自我规划，道德教育帮助个体更加清晰地认识自己，了解自己的长处和短处，从而制订出更加符合个人实际情况的发展目标。这种自我认知和自我管理能力，是个体在未来生活和职业发展中不可或缺的重要素质。

（二）激励生命追求卓越，实现自我价值

追求卓越、实现自我价值是一种强大的内驱力。这种内驱力不仅推动着个体不断挑战自我、超越自我，还引领着个体走向更高远的人生境界。在这个过程中，道德教育发挥着至关重要的作用，它像一盏明灯，照亮了个体追求卓越的道路，也如同内心的引擎，为个体追求和实现自我价值提供源源不断的动力。

引导个体树立正确的世界观、人生观和价值观。在纷繁复杂的社会中，人们往往会因为各种诱惑和压力而迷失方向，甚至放弃对卓越的追求。道德教育通过传授积极的价值观念，引导人们认识到生命的真正意义和价值所在，从而坚定追求卓越的信念。当个体树立了正确的价值观念，就会更加积极地投入到实现自我价值的行动中去。

强调自我反省和自我提升，这是追求卓越的重要过程。一个人如果想要不断进步，就必须时刻保持清醒的头脑，对自己的行为和思想进行深刻的反思，勇于面对自己的不

足，敢于承认错误，并从中吸取教训。通过这种自我反省的过程，个体能够更加清晰地认识到自己的优点和缺点，进而制订出更加明确的人生目标，为实现自我价值奠定坚实的基础。

培养个体的意志力和坚韧不拔的精神。在追求卓越的过程中，个体难免会遇到各种困难和挫折。而道德教育正是通过教导个体如何面对困境、如何坚持不懈地努力，来培养他们的意志力和坚韧不拔的精神。当个体具备了这些品质后，就能够更加勇敢地面对挑战，更加坚定地走向成功。

倡导个体积极承担社会责任，将个人价值的实现与社会的发展相结合。一个真正追求卓越的人，不仅仅关注个人的成功和幸福，更会关心社会的进步和繁荣。道德教育引导个体将自身的才华和能力投入到社会建设中去，通过为社会作出贡献来实现自我价值。这种将个人价值与社会价值相结合的理念，不仅提升了个体的生命境界，也为社会的和谐与发展注入了强大的动力。

激发个体的创造力和创新精神。创造力和创新精神是衡量一个人能否在竞争中脱颖而出的重要标准。道德教育鼓励个体勇于尝试新事物、新方法，敢于打破常规、挑战传统。这种创新精神的培养有助于个体不断拓展自己的视野和思维边界，从而在追求卓越的道路上走得更远、更高。

二、道德教育在人际关系中的导向作用

社会关系是人类存在和生活不可或缺的一部分。道德的存在使人走出自我的圈子，放眼更广阔的世界，从而拓展了人与世界的关系。道德使人超越自然本能的冲动，成为一个文明的社会个体。越是文明的人，越能够超越本能。

（一）培养真诚待人的品质，构建和谐人际关系

真诚待人的品质是建立和谐人际关系的基础。道德教育作为塑造人格、引导行为的重要手段，对于培养真诚待人的品质、构建和谐人际关系具有重要作用。

道德教育通过价值观的引导，帮助个体认识到真诚待人的重要性。在人际交往中，真诚是建立信任的基础，是人与人之间沟通的桥梁。只有以真诚的态度对待他人，才能赢得他人的信任和尊重，进而建立起稳固的人际关系。道德教育通过传授道德知识、讲述道德故事等方式，让个体明白真诚待人的真谛，从而在日常生活中践行这一品质。

道德教育通过约束行为规范，促使个体养成真诚待人的习惯。个体不仅要在思想上认识到真诚待人的重要性，更要在行动上体现出来。道德教育通过制定一系列的行为规范，如诚实守信、尊重他人等，要求个体在交往中遵守这些规范，从而养成真诚待人的习惯。当个体在行为上做到真诚待人时，就能更好地与他人建立起和谐的关系。

利用情景模拟和角色扮演等方式，提升个体在人际交往中的应对能力。在现实生活中，人际交往的情境千变万化，个体需要具备灵活应对的能力。通过模拟各种社交场景，让个体在实践中学会如何以真诚的态度应对各种情况，从而提升他们的人际交往能力。这种能力的提升，不仅有助于个体更好地适应社交环境，还能够促进他们与他人的和谐相处。

注重引导个体关注他人的感受和需求。一个真诚待人的人，不仅会关注自己的利益，更会关心他人的感受和需求。道德教育通过培养个体的同理心和友爱精神，让他们学会换位思考，理解他人的处境和感受。这种对他人的关注能够使个体在交往中增进彼此之间的感情和信任。

鼓励个体在真诚待人的基础上，积极寻求共赢的解决方案。在人际交往中，难免会遇到各种利益冲突和矛盾。道德教育引导个体以真诚的态度面对这些问题，通过沟通和协商寻找双方都能接受的解决方案。这种共赢的思维模式，不仅能够化解矛盾，还能够增进双方之间的合作与友谊。

强调个体的自我反省和自我提升。真诚待人不仅仅是对他人的态度，更是对自己的要求。道德教育鼓励个体时刻审视自己在交往中是否存在虚伪、欺骗等不良行为，从而不断完善自己的人格和品质，成为一个更加真诚、可信的人。

（二）倡导善良行为，营造友善社会氛围

善良是人类社会的基本价值理念之一，它涵盖了尊重、宽容、同情和帮助他人等多个方面。道德教育通过弘扬善良的价值观念，引导人们在日常生活中实践这些美德，从而构建一个充满爱与关怀的社会环境。

道德教育倡导人们善良地对待他人。在人际交往中，人们常常会遇到各种矛盾和冲突。此时，如果人们能够善良地理解和包容对方，那么很多矛盾就可以化解。道德教育通过培养人们的同理心和宽容精神，让人们在面对他人的不同观点和做法时，保持开放和包容的态度，减少冲突和误解。

道德教育还鼓励人们积极参与社会公益事业，通过实际行动帮助那些需要帮助的人。这种善良行为不仅能够解决他人的实际困难，还能够传递正能量，激励更多的人参与到公益事业中来。在这个过程中，人们不仅能够实现自我价值，还能够感受到社会的温暖和关怀，从而增强对社会的认同感和归属感。

道德教育对友善社会氛围的营造也起到了至关重要的作用。一个友善的社会氛围建立在人们相互信任、相互尊重的基础之上。道德教育倡导诚信、公正和互惠互利的原则，促进人们之间的合作与交流，从而营造一个和谐稳定的社会环境。在友善的社会氛围中，每个人都能够感受到他人的尊重和关怀。这种氛围不仅能够提升个体的幸福感和满足感，还能够激发人们的创造力和创新精神。

三、道德教育引导生命追求理想境界

道德是人性的内在构成部分。作为具有创造性和超越性的生命体，人总是不断超越现实，在不断超越和持续追问生命价值和生活意义的过程中，逐渐形成了理想的生活方式。

（一）树立崇高理想，指引生命发展方向

党的十八大报告强调："倡导富强、民主、文明、和谐，倡导自由、平等、公正、法治，倡导爱国、敬业、诚信、友善，积极培育和践行社会主义核心价值观。"社会主义核心价值观是社会主义核心价值体系最深层的精神内核，是现阶段全国人民对社会主义核心价值观具体内容的最大公约数的表述，具有强大的感召力、凝聚力和引导力[1]。

"富强、民主、文明、和谐"，是国家层面的现代化价值目标，在社会主义核心价值观中居于最高层次。这是从价值目标层面对社会主义核心价值观基本理念的凝练，对其他层次的价值理念具有统领作用。

"自由、平等、公正、法治"，是对美好社会的生动表述，也是从社会层面对社会主义核心价值观基本理念的凝练。它反映了中国特色社会主义的基本属性，是我们党矢志不渝、长期实践的核心价值理念。

"爱国、敬业、诚信、友善"，是公民基本道德规范，是从个人行为层面对社会主义核心价值观基本理念的凝练。它覆盖社会道德生活的各个领域，是公民必须恪守的基本道德准则，也是评价公民道德行为选择的基本价值标准。只有在生活中履行了爱国、敬业、诚信、友善，个人的生命才能焕发最大的价值。

道德教育是中华优秀传统文化的重要内容。我们学习继承中华优秀传统文化要结合新时代的实际需要，并赋予其时代特征，推陈出新。如果一讲要继承中华传统文化的精华，就以为是全盘接受，那是不对的。但是，一讲改革开放，就以为我们可以把中华传统文化的精华部分抛弃，那也是不对的，而且有害无益。因此，我们要弘扬中华传统文化的精华，赋予中华传统文化时代气息。

（二）培养审美情趣，提升生命品质

审美情趣的培养，始于对美的认识和感悟。美，无处不在，它蕴藏在自然的风景中，流淌在艺术的笔触下，也体现在人与人之间的真诚交流中。生命道德教育应当引导人们发现美，欣赏美，进而在内心深处产生对美的热爱与追求。这种对美的向往，能够激发人们的创造力和想象力，使生命焕发出新的活力。

在培养审美情趣的过程中，艺术教育扮演着重要的角色。通过音乐、绘画、舞蹈等艺术形式的熏陶，人们可以更加敏锐地捕捉到生活中的美，更加深刻地理解美的内涵。艺术教育不仅仅是技能的传授，更是心灵的触动和灵魂的升华。它能够帮助人们跳出日常生活的琐碎，站在更高的视角去审视自己和世界，从而拓宽生命的广度和深度。

审美情趣的培养还需要个体在社会实践中不断磨砺。社会实践是检验审美情趣的试金石，也是提升生命品质的重要途径。通过实践活动，个体可以接触到更多元的文化和更广阔的世界，从而丰富自己的审美体验，提升自己的审美情趣。同时，在社会实践中，个体还能够学会如何与他人和谐相处，如何为社会作出贡献，这些都是提升生命品质的重要因素。

在道德教育的引导下，审美情趣的培养与生命品质的提升是相辅相成的。审美情趣的提高，使人们更加珍视生命中的每一个瞬间，更加热爱这个世界，从而保持积极向上的生命态度。而生命品质的提升，则能够提升人们的审美情趣，使人更加坚定地走向理

---

[1] 宋兴川：《生命教育》，厦门大学出版社，2016，第12页。.

想的人生境界。

　　在培养审美情趣、提升生命品质的过程中，需要注重个体的差异性和多样性。每个人对美的理解和追求都是独特的，道德教育应当尊重这种独特性，为个体提供个性化的引导和支持。同时，道德教育还应当关注社会的发展和变化，不断调整教育内容和方式，以适应时代的需求和挑战。

第十二单元

追求生命价值的超越

单元目标 ∨

✧ 理解生命意义的多样性与价值的多维度，形成对生命价值观超越性的基本认知。

✧ 提升自我认知与超越意识，培养批判性思维能力。

✧ 追求生命的意义，实现个人价值的最大化。

认知提示 ∨

✧ 面对生命意义与价值的追问，我们应致力于唤醒个体生命的自我意识和超越意识，引导他们深入探索生命的意义，勇敢追求人生的理想。这不仅是从自然的、功利的境界向伦理的、艺术的境界的跨越，更是对现实的批判、反思与超越。通过超越现实世界，人们能够真正实现人生的价值，活出自己独特的人生。在不可替代的生命旅程中，我们要努力凸显自己的独特性，建构生命的无限的价值，在无价的生命中活出高尚的人生。

思考与实践 ∨

✧ 阅读冯建军《生命与教育》第六章第一节《生命的超越性及其教育意蕴》（教育科学出版社）。思考个体在成长和发展过程中，如何体验生命的超越性。

活动设计 ∨

✧ 分享自己的生命故事，通过讲述真实的经历、挑战和成长，反思和探索生命的意义和价值。

教育的核心使命并非简单复制或再现现有个体，而是要培养一代又一代的新人，实现对现实个体的超越。教育始终面向未来，从这个意义上说，教育的任何组成部分都具有超越现实的本性。

模块一 　生命价值的探索与展现

一、生命价值观的探索与价值的追问

生命的价值不仅体现在其存在的本身，更在于其所能展现的潜能、所承载的意义，以及所能创造的贡献。

（一）生命价值的深层内涵

生命的深层内涵首先体现在其独特性上。每一个生命都是独一无二的，这种独特性使得每一个生命都拥有价值，无法被替代。生命的独特性不仅仅是一种外在的表现，更是一种内在的品质。

生命的深层内涵在于其潜能的无限性。生命是一个不断发展和进化的过程，每一个生命都拥有无限的可能性。这种潜能不仅体现在个人的成长与进步上，更体现在整个物种的演化与创新上。生命的潜能是无穷无尽的，只要我们愿意去发掘，就能够创造出更多的奇迹和价值。

生命的深层内涵体现在其所承载的意义上。生命并非仅仅是一个生物体，更承载着文化、历史和精神。每一个生命都在不断地追寻着自身的意义和价值，通过自己的努力，为世界增添更多的色彩。生命的意义是多样的，它可以是个人的追求与梦想，也可以是对社会的责任与担当。

生命的深层内涵在于其所能创造的贡献。生命的贡献不仅仅是物质创造，更是精神的传承和文化的延续。真正让生命焕发光彩的，是我们所能够为社会、为他人所作出的贡献。无论是小小的善举，还是伟大的事业，都是生命价值的一种体现。

（二）生命价值观的多样性与个体性

不同的文化对生命有着不同的诠释和期待。有些文化强调生命的神圣性和不可侵犯性，将生命视为至高无上的存在；而有些文化则更注重生命的实用性和功利性，将生命视为实现某种目的的工具。这种文化差异导致了人们在对待生命的态度和行为上存在显著的不同。此外，不同的社会角色对生命有着不同的期望和追求。例如，父母可能更看重子女的幸福成长；医生可能更强调生命的健康；而环保人士可能更关注生命的可持续发展。这些不同的社会角色和期望，使得生命价值观呈现出多样化的特点。

尽管生命价值观具有多样性，但每一个个体的生命价值观都是独特的。个体的经历、性格、信仰等因素都会影响其对生命的认知和价值判断。有些人可能更重视个人的自由

和幸福，有些人则可能更看重对社会的责任和贡献。这种个体性的差异使得每个人的生命价值观都是独一无二的。

生命价值观的多样性与个体性不仅是一个理论问题，更是一个实践问题。在多元化的社会中，我们需要尊重和理解不同的生命价值观，避免将自己的价值观强加给他人。同时，我们也需要关注和培养个体的生命价值观，帮助每个人找到自己的价值追求。

二、生命价值观的多维度展现

（一）生命与社会责任

每一个生命都是社会的一部分，承担着一定的社会责任，这种责任既是个体对社会的贡献，也是社会对个体的期待。生命与社会责任紧密相连，共同构建着和谐、进步的社会。

生命的社会责任体现在对社会的贡献上。每个个体都拥有独特的才能，通过运用这些才能，个体可以为社会的进步和发展作出贡献。无论是科学家在科研领域的创新，还是工人在生产一线的辛勤劳动，都是个体履行社会责任的体现。这种贡献不仅实现了个体的自我价值，也提升了社会的整体福祉。

生命的社会责任还体现在对他人的关爱和帮助上。人类是社会性动物，每个人的生存和发展都离不开他人的支持和帮助。我们应该关注他人的需求，尽自己所能为他人提供帮助。

生命的社会责任还包括对环境的保护和对可持续发展的贡献。随着环境问题的日益突出，保护环境已经成为每个人的责任。我们应该从日常生活中的小事做起，如垃圾分类、节约用水、减少碳排放等，为地球的可持续发展贡献自己的力量。同时，我们还可以倡导环保理念，与身边的人一起行动，共同守护我们赖以生存的地球家园。

我们需要树立正确的价值观和人生观，要认识到自己作为社会成员的重要性，明确自己的责任和使命。同时，我们还应该不断提升自己的能力和素质，以更好地履行社会责任。

（二）生命与自然和谐

习近平总书记在全国生态环境保护大会上强调，要牢固树立和践行绿水青山就是金山银山的理念，把建设美丽中国摆在强国建设、民族复兴的突出位置，推动城乡人居环境明显改善、美丽中国建设取得显著成效，以高品质生态环境支撑高质量发展，加快推进人与自然和谐共生的现代化。

生命与自然的和谐是人类精神生活的重要组成部分。自然是美的源泉，它为人类提供了无数的灵感和创作素材。无论是山水画的意境，还是诗歌中的自然景观，都体现了人类对自然的敬畏和欣赏。与自然和谐相处，能够让人们感受到心灵的宁静和愉悦，提升人类的精神生活质量。

生命与自然的和谐是人类可持续发展的基础。习近平总书记指出，"要像保护眼睛一样保护生态环境，像对待生命一样对待生态环境"。随着人口的增长和经济的发展，人类对自然资源的需求不断增加。然而，自然资源的有限性决定了人类必须走可持续发展之路。这要求我们在开发和利用自然资源的同时，注重保护生态环境，实现经济效益与生态效益的双赢。

为了实现生命与自然的和谐，我们需要从多个方面入手。首先，加强环境教育，提高公众环保意识。通过教育引导人们认识到自然的重要性，形成爱护环境、保护生态的良好风尚。其次，完善法律法规，强化环境保护的制度保障。通过法律法规明确环境保护的责任和义务，加大对违法行为的惩治力度。最后，推动科技创新，发展环保产业。通过科技手段提高资源利用效率，减少污染排放，推动经济发展方式的绿色转型。

 知识拓展

高峰体验

高峰体验是人本主义心理学流派在自我实现领域中的一个重要概念，它是自我实现的重要特征和重要途径。高峰体验具有产生的突然性、程度的强烈性、持续的短暂性、感受的完美性与存在的普遍性等特点。

研究指出，具有高峰体验的人会减少内耗，目标更加集中；与外部高度融合；可以最充分地发挥自己的潜能；既感到重任在肩、责无旁贷，又感到信心百倍、无坚不摧，能将自己发展到极致。

模块二　生命价值的超越性导向与实践

生命体验不仅仅是对过去的回忆或对现在的感知，更是一种对指向未来的超越性本质。它涵盖了从身体感官的直接感触到心灵深处的情感共鸣，再到对生命意义和价值的深度思考。

一、培养超越现实的新人

生命体验的超越性本质体现在它对未来的指向性上。它驱使我们不断追寻更高的生命境界，探索生命的意义和价值。这种超越性本质使得生命体验成为人类精神活动的重要驱动力。

生命体验是一个多维度的概念，它涵盖了生理、心理、情感、认知等多个层面。从生理层面来说，生命体验是我们通过感官直接感知到的世界，如视觉、听觉、嗅觉等带来的直观感受。从心理层面来说，生命体验则是我们对自我、他人和世界的主观理解和认知，包括意识、想象等心理活动。从情感和认知层面来说，生命体验是我们对生命价值、人生意义等深层次问题的探索和思考。

生命体验的超越性本质体现在我们对未知世界的探索上。人类天生具有好奇心和求知欲，我们渴望了解未知的领域，揭开生命的奥秘。这种对未知世界的探索，正是生命体验超越性本质的重要体现。它推动我们不断学习、不断实践，不断拓展自己的知识和能力边界。

生命体验的超越性本质也体现在我们对生命意义和价值的追求上。人生短暂而宝贵，我们渴望在有限的生命中实现自己的价值和意义。这使得生命体验成为一种超越性的精神活动。它引导我们反思自己的生活、思考自己的人生目标，从而找到生命的意义和价值所在。

生命体验与未来之间存在着紧密的联系。生命体验为我们提供了对未来世界的想象。通过对过去的回忆和对现在的感知，我们可以构建出对未来的想象。这种想象不仅是我们对未来的期待和憧憬，更是我们为了实现这些期待和憧憬而付出的努力和行动的动力源泉。此外，生命体验也为我们提供了应对挑战的能力。在人生的道路上，我们将面临各种各样的挑战。然而，正是这些挑战，塑造了我们的生命体验，让我们变得更加勇敢和成熟。通过不断迎接挑战，我们逐渐积累经验，为未来的成功奠定了坚实的基础。

二、提升生命境界与价值追求

生命教育鼓励我们正视自己的不足，勇于承认并改正自己的错误。通过这种自我反思，我们可以更加清晰地认识自己，找到自己的价值和追求。

（一）实现精神境界的跃升

在功利主义的影响下，很多人将物质财富和社会地位视为衡量人生价值的唯一标准。为了追求这些外在的东西，人们不惜牺牲自己的健康、家庭和友情。然而，这种追求往往是短暂的，当物质欲望得到满足后，人们往往会陷入空虚和迷茫之中。生命教育正是为了打破这种功利性思维，引导我们重新审视生命的真正价值。它告诉我们，生命的意义不仅仅在于物质的追求，更在于精神的满足和成长。我们要关注自己的内心世界，培养自己的文化素养和道德修养，从而实现精神境界的跃升。

在这个过程中，生命教育教会我们如何面对生活中的挫折和困难。人们往往因为害怕失败而不敢突破自己的舒适区，但生命教育鼓励我们勇敢地去尝试、去探索。它让我们明白，失败并不可怕，可怕的是失去对生活的热爱和对生命意义的追求。通过不断地挑战自我，我们可以发现自己的潜能，实现自我价值的最大化。

此外，生命教育还强调人与人之间的联系和情感共享。在功利主义的思维下，人们很容易受利益驱使进行社交，忽视与他人情感上的沟通和交流，导致人际关系的疏远和冷漠。生命教育让我们认识到每个人都是独一无二的个体，我们应该尊重彼此的差异，学会倾听和理解他人。通过与他人的互动和交流，我们可以拓宽自己的视野，丰富自己的人生经验。

生命教育还教会我们如何珍惜生命中的每一个瞬间。许多人往往只关注事情的结果而忽视过程，导致错过了生命中的很多美好时光。然而，生命教育让我们意识到，生命中的每一个瞬间都是宝贵的，无论是成功还是失败、快乐还是痛苦，都是我们人生旅程中不可或缺的一部分。通过珍惜每一个瞬间，我们可以更加深刻地体验生命的美好。

（二）生命价值观的批判性反思与重构

传统的生命价值观往往侧重于生命的物质利益和生存本能，然而，这种观念在现代社会中显得愈发片面和局限。随着科技的发展和全球化的推进，现代社会的人们面临着诸多挑战，如环境污染、资源枯竭、心理压力等，传统的生命价值观难以满足当代人对于生命意义的深层追求。因此，我们需要批判性地审视这种传统观念，深入反思生命的真正意义，并尝试构建一个更加全面、多元的生命价值观。这种新的生命价值观应尊重每个个体的独特性，关注人的精神追求、情感体验与自我实现，并强调生命的社会责任与道德担当。此外，不同的文化、地区和社群可能对生命价值观有不同的理解和追求，我们需要倾听这些多元的声音，理解并尊重不同的观点和需求。

在批判性反思的基础上，我们可以从以下几个方面进行价值观的重构。

一是强调全面发展。生命价值观不应仅局限于物质追求，还应包括精神追求、情感体验、个人成长和社会贡献等方面。我们需要构建一个更加全面的生命价值观，以引导人们追求更加充实和有意义的生活。

二是注重个体差异。每个人都有自己的独特性和需求。在重构生命价值观时，我们应尊重每个个体的差异，允许每个人根据自己的情况来追求自己的生命价值。

三是强调社会责任。在重构生命价值观时，我们应强调个人的社会责任，鼓励人们为社会作出贡献，实现个人价值与社会价值的统一。

四是持续更新与调整。生命价值不是一成不变的。随着社会的发展和个人经历的变化，我们需要不断地更新和调整生命价值观，以适应新的环境和挑战。

三、生命价值观的实践路径

从宏观层面来说，生命教育是学校教育、家庭教育中不可或缺的一个环节。实践正确的生命价值观，既要从教育方面培养，也要在日常生活中实践。

（一）通过教育引导，培养正确的生命价值观

加强生命挫折教育。在人生道路上，挫折是在所难免的，挫折不是坏事，而是通向成功的一个台阶。对待挫折，要能"知耻而后勇"，能"天行健，君子以自强不息"。解决挫折最好的方法是靠自己。

开展以"死亡"为主题，珍惜生命的教育活动。传统文化中往往重视对生的研究，而避讳对死亡的教育。在大学教育中，对于死亡的科普知识很少，很多学生对死亡缺乏客观理性的认识。死亡教育就是以"死亡"为主题，让大学生了解死亡是生命的一部分，打破对死亡的恐惧感。大学课堂可以开设相应的课程，全面介绍死亡的知识，使学生通过对死

亡的了解，明白生命的有限和不可逆，认识到生命的宝贵，从而更加珍惜生命、尊重生命。

开展感恩责任教育，加强大学生的责任感和使命感。加强大学生亲情、友情、爱情教育，营造感恩环境。同时，也要让大学生明白自己的责任。责任就是对自己负责、对他人负责、对社会环境负责。一个感恩社会并具有强烈责任感的人会对自己或他人的生命负责，也会获得他人和社会的认同，实现自己的生命价值。

（二）在日常生活中践行生命价值观，实现生命意义的提升

生命价值观是我们对生命意义和价值的认知和态度，通过积极地在日常生活中践行生命价值观，我们不仅能够更深刻地理解生命，还能够让自己的生命更加绚烂多彩。

践行生命价值观需要我们从内心深处尊重生命。在日常生活中，我们应该时刻保持对生命的敬畏之心，不伤害生命，不破坏生态环境。同时，我们也要尊重他人，不干涉他人的生活，不侵犯他人的尊严。通过尊重生命，我们能够建立起一个和谐、包容的社会环境，让每一个生命都能够在其中自由、平等地发展。

践行生命价值观需要我们积极地探索生命的意义。生命是一个不断探寻和追求的过程。我们应该在日常生活中不断思考：我想要成为什么样的人？我的生命能够为他人和社会带来什么样的价值？通过这些思考，我们能够更清晰地认识到自己生命的目标和意义，从而更有动力去实现自己的生命价值。同时，我们也要勇于尝试新事物，挑战自我，让自己的生命充满无限可能。

践行生命价值观需要我们用行动去实践。无论是学习新知识、提升自己的能力，还是参与集体活动、为他人提供帮助，都是践行生命价值观的重要途径。每一次的学习、每一次的帮助，都可以提升和丰富我们对于生命意义的理解。同时，我们也要学会珍惜时间，合理规划自己的生活和工作，让自己的每一天都过得充实而有意义。

践行生命价值观需要我们具备坚韧不拔的毅力。在追求生命意义的过程中，我们难免会遇到各种困难和挑战。这时，我们需要保持坚定的信念和决心，勇于面对困难，不轻言放弃。

践行生命价值观需要我们学会感恩。感恩生命中那些曾经帮助和支持过我们的人，他们的存在和支持是我们不断前行的动力。在日常生活中，我们应该时刻保持一颗感恩的心，珍惜与他们相处的时光，用实际行动回报他们的关爱和支持。

践行生命价值观需要我们不断地自我反思。在日常生活中，我们应该时刻反思自己，发现自己的不足并努力改进。同时，我们也要学会接受他人的批评和建议，虚心向他人学习，不断提升自己的能力和素质。只有通过不断地自我反思，我们才能够更好地践行生命价值观，提升生命的意义。

模块三　生命价值的超越性体现与人生追求

生命只有一次，失去了就不可复得。因此，从出生的那一刻起，生命就注定了是有

限的。然而，人类的精神追求却可以超越生命的界限，达到永恒。当我们谈及"超越生命的有限性，追求永恒的精神价值"时，我们其实是在探索如何找寻并创造那些能够流传千古、不被时间磨灭的精神财富。

一、有限生命中的长久意义追求

生命是有限的。正是因为生命的有限性，我们更应思考如何在个体生命的基础上，追求更为广阔的价值。

（一）超越生命的有限性，追求永恒的精神价值

生命的有限性不仅仅体现在时间的短暂上，更体现在生命的脆弱与不确定性上。一场突如其来的疾病、一次意外的事故，都可能让生命戛然而止。因此，人们很容易陷入对生命无常的恐惧和对未来的迷茫中。然而，正是这种有限性和不确定性，激发了人类对于永恒精神价值的追求。物质世界的一切都在不断地变化、消逝，而精神世界中的思想、情感和信仰却历久弥新。我们应该将更多的精力投入到精神世界的建设和追求中，以创造出能够经受时间考验的精神财富。

一是阅读经典。经典之所以成为经典，就在于它们蕴含了深刻的思想和普遍的真理，能够跨越时空的界限，给予我们长久的启示和教诲。通过阅读经典，我们可以与前人进行心灵的对话，汲取他们的智慧，丰富自己的精神世界。

二是艺术创作。艺术作品是艺术家对生命、自然和社会的深刻感悟。一幅画、一首歌、一部电影，都可能成为我们精神生活中的重要组成部分，陪伴我们走过人生的每一个阶段。这些艺术作品所蕴含的精神价值，是超越时空的，能够在我们心中留下永恒的印记。

三是学习和传承榜样精神。榜样所体现的精神和价值，也是超越时空的。例如，科学家的探索精神、哲学家的思辨精神、艺术家的创新精神等，都是值得我们学习和传承的永恒精神财富。

在追求永恒精神价值的过程中，我们还应该注重自我反思。只有通过不断地反思，我们才能更清晰地认识自己，找到自己的精神追求和人生价值。同时，我们也应该关注社会的进步和发展，将个人的精神追求与社会责任相结合，为推动人类社会的文明进步贡献自己的力量。但追求永恒的精神价值并不意味着要忽视当下的生活。相反，我们应该珍惜每一个当下，用心灵感受生活的美好。只有当我们真正融入生活、热爱生活时，我们才能更深刻地理解生命的意义和价值，也才能更好地追求永恒的精神价值。

（二）超越生命的个体性，追求全人类的福祉

要超越生命的个体性，我们首先需要认识到个体与整体的紧密联系。每一个个体都是人类社会这个大家庭中的一员，我们的命运是紧密相连的。因此，我们不能仅仅关注个人的得失，更要站在全人类的高度，思考如何为全人类的福祉作出贡献。

在追求全人类福祉的过程中，应该秉持平等、尊重和包容的原则。每个人类个体，

无论种族、信仰，都应享有平等的权利和机会。我们要尊重每个人的选择和差异，消除偏见和歧视，共同营造一个和谐、包容的社会环境。只有在这样的环境中，每个人的潜能才能得到充分发挥，全人类的福祉才能得到最大程度的提升。

积极关注全球性问题，参与国际合作与交流。随着全球化进程不断加快，许多问题已经超越了国界，成为全人类共同面临的挑战。气候变化、环境污染、贫富差距扩大等问题，需要全人类共同努力才能解决。只有以开放的心态拥抱世界，通过国际合作与交流，才能共同寻找到解决问题的途径和方法。

教育在追求全人类的福祉中扮演着举足轻重的角色。通过接受教育，我们可以提高国际视野和社会责任感。在学习过程中，要着重培养自己的批判性思维、创新能力和社会责任感，努力为推动社会进步贡献自己的力量。

科技的创新与发展是实现全人类福祉的关键。科技的进步不仅可以提高生产效率，改善人们的生活质量，还可以为解决全球性问题提供新的思路和方法。鼓励科技创新，支持科研人员的研究工作，推动科技成果的转化和应用的同时，也要关注科技伦理问题，确保科技的发展符合人类的价值观和道德准则。

在个体层面上，我们可以参与到社会公益事业中去。帮助那些需要帮助的人，这可以让我们更加深刻地体会到个体与社会的紧密联系。当我们看到自己的行为能够为他人带来帮助和改变时，我们会更加坚信追求全人类福祉的价值和意义。

追求全人类的福祉是一项长期而艰巨的任务。我们不能期望一蹴而就，而应该保持耐心和毅力，持续不断地努力。同时也要学会珍惜当下的每一个瞬间，用自己的行动去影响和改变世界。只有这样，我们才能在个体的生命中创造出整体的价值，为全人类的福祉贡献自己的力量。

二、脆弱生命中的坚强信念与光彩

生命是坚韧的，但也有其脆弱性。两者看似矛盾，却在生命中和谐共生，共同构筑了生命的独特韵律。

（一）生命脆弱性与坚韧性的共生

生命的脆弱性，源自无法预测和抗拒的多种外部因素。一场突如其来的疾病、一次意外的天灾，都可能轻易地夺走一个鲜活的生命。这种脆弱性，让人们时常感叹生命的短暂与无常，也让人们更加珍惜当下的每一刻。然而，正是生命的这种脆弱性，才使得每一个生命的瞬间都弥足珍贵。

同时，生命也是坚韧的。当生命面临挑战时，这种坚韧就会转化为巨大的力量，支撑着人们走过困境，迎接新的希望。无数次的历史事实证明，正是这种坚韧，让人类在灾难面前不屈不挠，继续前行。

生命的脆弱性与坚韧性的共生，不仅体现在个体的生命历程中，更反映在人类社会的历史变迁中。在漫长的岁月里，人类历经了无数的灾难与挑战，但每一次都能从废墟中重新站起，背后正是生命的坚韧信念在支撑。而这种信念，又源于对生命的尊重和珍视，源于对生的渴望和对未来的憧憬。

当我们深入思考生命的脆弱性与坚韧性的共生关系时，我们会发现，这其实是一种生命的智慧。生命的脆弱性提醒我们珍惜每一个当下，而生命的坚韧则激励我们勇敢面对未来的挑战。这两者相辅相成，共同构成了生命的完整画卷。

在现代社会，随着科技的进步和医疗水平的提高，我们已经能够在一定程度上降低生命的脆弱性。然而，无论科技如何发展，生命的脆弱性始终存在。因此，我们更需要培养坚韧不拔的精神，以应对生命中可能出现的各种挑战。这种精神不仅能够帮助我们渡过难关，更能够让我们在逆境中成长，在挑战中超越自我。

生命的脆弱性与坚韧性的共生，是生命独特魅力的体现。它让我们在珍惜生命的同时，也学会勇敢面对挑战。生命的脆弱和坚韧并不仅仅是个人的事情，也关乎我们对待他人和社会的态度。在他人遇到困难时，我们应该伸以援手，帮助他们走出困境。同时，我们也应该积极参与到社会公益事业中，为降低生命的脆弱性贡献自己的力量，构建一个更加和谐、富有生命力的社会。

（二）在挑战与困境中展现生命光彩的策略

生命如同一块未经雕琢的璞玉，只有在经历无数的挑战与困境后，才能逐渐打磨出璀璨的光彩。面对生活中的种种困难，我们不仅要有坚韧不拔的信念，更需要一些策略，让我们的生命在逆境中也能熠熠生辉。

面对挑战与困境时保持冷静与理智。在困境中，情绪很容易受到影响，而情绪的波动往往会干扰我们的判断与决策。因此，保持冷静至关重要。我们要学会在困境中稳住心态，通过深呼吸、冥想等方式平复情绪，让自己冷静地思考解决问题的方法。

制定明确的目标与计划。在挑战面前，一个清晰的目标能够为我们指明方向，而详尽的计划则能帮助我们逐步走向成功。可以分别规划短期目标、中期目标和长期目标，这样我们能够更有针对性地去努力。计划则需要考虑到各种可能出现的情况，做到有备无患。在执行计划的过程中，我们还要根据实际情况不断调整，以确保自己始终朝着正确的方向前进。

积极寻求支持与帮助。面对困境时，我们很容易感到孤独与无助，这个时候，我们非常需要他人的关心与支持。无论是亲朋好友的鼓励，还是专业人士的建议，都能为我们提供宝贵的帮助。通过与他人交流，我们不仅能够获得情感上的支持，还能在思维碰撞中找到解决问题的新方法。

培养自己的心理韧性。心理韧性是指个体在面对逆境、压力、挫折或创伤时，能够恢复和适应的能力。通过不断地挑战自己、克服困难，我们可以逐渐提高自己的心理韧性。一些有效的心理韧性训练方法包括：正念练习、情绪调节、目标设定与达成等。这些方法能够帮助我们更好地应对挑战，从而在困境中展现出生命的光彩。

从困境中寻找学习与成长的机会。每一次的挑战与困境，都是一次成长的契机。我们要学会从中吸取教训，总结自己的不足，并努力改进。每一次的失败，都是通往成功的垫脚石。只有通过不断地学习与成长，我们才能在未来的道路上走得更远。

每个人的生命都拥有无限的潜力与可能，我们都能在挑战与困境中展现出自己的光彩。只要我们相信自己，勇敢地面对困难，不断地努力拼搏，就一定能够创造出属于自己的辉煌人生。

三、生命无价的内在含义与道德要求

当我们提及"生命无价"时，所表达的不仅仅是对生命的珍视，更包含了对生命的深刻理解和崇高的道德期许。这一观念蕴含着丰富的内在含义，并对我们的道德行为提出了明确要求。

（一）生命无价的内在含义

生命无价的内在含义体现在对每一个生命的独特性和不可替代性的认可上。每一个生命都是自然界中的独特个体，拥有着无可复制的生命历程和生命体验。生命的独特性赋予了每一个个体无可估量的价值，这种价值是无法用金钱或其他物质衡量的。因此，我们应该尊重每一个生命，不论其社会地位、种族、信仰或能力如何，都应平等地珍视其存在。

（二）生命无价的道德要求

生命无价对我们提出了明确的道德要求。

一是要求我们要尊重生命。这包括尊重自己和他人的生命，不伤害生命，不剥夺生命存在的权利。在日常生活中，我们应该遵守交通规则，注意安全生产，避免因为疏忽大意而导致生命安全受到威胁。同时，我们也要尊重其他生物的生命，不滥杀无辜，不破坏生态环境。

二是要求我们要珍爱生命。珍爱生命不仅仅是珍爱自己的生命，更是要珍爱他人的生命。当他人遇到困难或危险时，我们应该伸出援手，给予他们帮助和支持。在社会生活中，我们应多关注弱势群体，为他们提供帮助和关怀，让他们感受到社会的温暖。

三是要求我们追求生命的价值和意义。生命不仅仅是活着，更是要活出意义和价值。我们应该积极追求自己的梦想，努力实现自己的价值。同时，我们也要关注社会的发展和进步，为社会作出贡献。通过自己的努力，让生命焕发出更加璀璨的光芒。

四是提醒我们要有敬畏之心。生命是神秘而伟大的存在，我们应该对生命保持敬畏之心。在面对生命时，保持谦逊和谨慎的态度，不可妄自尊大或轻视生命。同时，也要认识到生命的复杂性和多样性，不断探索和了解生命的奥秘。

在现代社会中，"生命无价"的观念更具有现实意义。随着社会的发展和科技的进步，人类面临着越来越多的挑战和危机。环境污染、资源枯竭、气候变化等问题日益严峻，这些问题都对生命构成了严重的威胁。因此，"生命无价"已超越了个体道德行为的范畴，成为引领整个社会道德风尚的标杆。

参考文献

［1］柏定国.强大的冲动和孱弱的精神 舍勒《人在宇宙中的地位》导读［M］.南京：江苏凤凰文艺出版社，2023.

［2］毕茹玉，孙朝霞.人工智能背景下的大学生生命认知教育探索［J］.产业与科技论坛，2024，23（06）：98-102.

［3］蔡佳伟，肖育发.生命教育（新编21世纪职业教育精品教材）［M］.北京：中国人民大学出版社，2022.

［4］陈晖.性别平等与妇女发展理论与实证［M］.北京：中国民主法治出版社，2018.

［5］陈美伊.人工智能技术在医疗系统中的应用［J］.电子技术，2023，52（09）：313-315.

［6］陈阅增.普通生物学［M］.北京：高等教育出版社，2014.

［7］储著斌，曾雯蔚.从身体健康、心理健康到心灵健康——习近平关于青年身心健康重要论断的四维探析［J］.汉江师范学院学报，2024，44（01）：1-8.

［8］董娅.当代思想政治教育方法发展新论［M］.北京：中国社会科学出版社，2012.

［9］高伟.从生命理解到生命教育——一种走向生活的生命教育［J］.北京师范大学学报（社会科学版），2014，（05）：35-42.

［10］高旭，李虹韦，闫冰.中西方生死观的差异及现实反思［J］.作家天地，2021，（14）：13-14.

［11］国家体育总局.2014年国民体质监测报告［M］.北京：人民体育出版社，2017.

［12］黄慧.性别：概念、现象与理论［M］.上海：上海人民出版社，2006.

［13］黄永昌.健康金钥匙：走向健康长寿之路［M］.上海：上海交通大学出版社，2010.

［14］江剑平.大学生性健康教育［M］，北京：科学出版社，2006.

［15］江剑平，江方璐，谢碧燕.高校性健康教育实践与思考［J］.中国性科学，2017，26（09）：131-135.

［16］林崇德.发展心理学［M］.北京：人民教育出版社，2009.

［17］林崇德.青少年心理学［M］.北京：北京师范大学出版社，2009.

［18］李高峰.国内生命教育研究述评［J］.河北师范大学学报（教育科学版），2009，11（06）：18-22.

［19］李美枝.女性心理学［M］.台湾大洋出版社，1984.

［20］刘波.性别平等与社会发展［M］.北京：中国社会科学出版社，2017.

［21］刘静文，黄国辅.传统文化中的敬畏生命观对大学生生命观教育的启示［J］.湖北经济学院学报（人文社会科学版），2024，21（03）：139-143.

［22］李亚娟，王瑶，薛立峰，等.计算机人工智能技术的应用与发展［J］.信息与电脑（理论版），2018，（22）：152-153.

［23］罗诚，何琦.基于人工智能的智慧医疗发展现状及其伦理问题初探［J］.经贸实践，2018，（09）：218+220.

［24］路杨.当代大学生生命教育［M］.武汉：武汉大学出版社，2014.

［25］孟昭兰.普通心理学［M］.北京大学出版社，1994.

［26］钱铭怡，罗珊红，张光健，等.关于性别刻板印象的初步调查［J］.应用心理学，1999，（01）：14-19.

［27］钱穆.中国历史精神［M］.北京：九州出版社，2011.

［28］钱穆.中国文化史导论［M］.北京：九州出版社，2011.

［29］时蓉华.现代社会心理学［M］.上海：华东师范大学出版社，1989.

［30］宋兴川.生命教育［M］.厦门：厦门大学出版社，2016.

［31］童敏.社会工作理论：历史环境下社会服务实践者的声音和智慧［M］.北京：社会科学文献出版社，2019.

［32］王宁.性健康心理学［M］.北京：中国人民大学出版，2019.

［33］李鑫，于汉超.人工智能驱动的生命科学研究新范式［J］.中国科学院院刊，2024，39（01）：50-58.

［34］魏寒冰.网络"性乱象"对当代大学生性道德的影响研究［J］.中国性科学，2016，25（12）：138-141.

［35］吴根福.生命的教育［M］.北京：高等教育出版社，2020.

［36］肖川.生命教育的三个层次［J］.福建论坛（社科教育版），2006，（03）：53-55.

［37］杨恒宇.把黑白涂成七彩的颜色［D］.华东师范大学，2022.

［38］鄢万春.大学生安全与生命教育［M］.成都：电子科学技术大学出版社，2020.

［39］张志飞，梁悦，刘璠，等.寒武纪生命大爆发新解与地球海洋动物生态系统建立［J］.古生物学报，2023，62（04）：463-515.

［40］朱清华.智能时代人类生命本质的变异及其价值影响［J］.自然辩证法研究，2021，37（02）：124-128.

［41］朱诗家，朱昕.现代健康长寿之路［M］.北京：华夏出版社，2021.

［42］Xiaohui, Gao, et al. "Effectiveness of School-based Education on HIV/AIDS Knowledge, Attitude, and Behavior among Secondary School Students in Wuhan, China." *Plos One* 7.9(2012): 1-8.

［43］Yan, Jin, et al. "A social epidemiological study on HIV/AIDS in a village of Henan Province, China." *Aids Care* 25.3(2013): 302-308.